时装艺术·设计

吕　越　　主编

赵伟伟　杨晓涵　副主编

中国纺织出版社

内 容 提 要

本书通过对时装艺术概念、特征、诞生和发展的阐述，介绍了时装艺术存在于当下的价值和对服装设计、服装产业的作用，以及这种艺术形式的精神文化内涵。意在让更多学习服装设计和热爱时装艺术的人了解时装艺术，并从中汲取营养，尤其是希望设计师从"时装艺术"的理念中得到启示，从而对服装设计的创作有新的理解，对生活与艺术、服装与艺术的关系有新的认识。

本书通过概念说明、结合实际案例分析以及优秀作品赏析的方式，让大家更为全面地了解时装这一艺术形式，并为大家带来更多的创作启迪。

图书在版编目（CIP）数据

时装艺术·设计 / 吕越主编. --北京：中国纺织出版社，2016.1

ISBN 978-7-5180-1987-8

Ⅰ．①时… Ⅱ．①吕… Ⅲ．① 服装设计 Ⅳ．①TS941.2

中国版本图书馆CIP数据核字（2015）第221323号

责任编辑：华长印　　责任校对：寇晨晨
责任设计：何 建　　责任印制：何 建

中国纺织出版社出版发行
地址：北京市朝阳区百子湾东里A407号楼　邮政编码：100124
销售电话：010—67004422　传真：010—87155801
http://www.c-textilep.com
E-mail：faxing@c-textilep.com
中国纺织出版社天猫旗舰店
官方微博http://weibo.com/2119887771
北京华联印刷有限公司印刷　各地新华书店经销
2016年1月第1版第1次印刷
开本：710×1000　1/16　印张：7
字数：115千字　定价：48.00元

凡购本书，如有缺页、倒页、脱页，由本社图书营销中心调换

序 言

　　服装从诞生之初就与人类的生活息息相关，人类具有天生的视觉猎新特性和追求创造的天性，这使得服装设计师在时装设计中融入越来越多的艺术元素及思考。在时装设计的过程中，"艺术家"的介入使得"时装艺术"成为一种新的艺术形式，它在某种程度上反映了创作者的情感态度、生活主张，在某种程度上成为一种社会性的文化形态。

　　时装艺术是艺术家进行艺术创作的一种新的语言，它抛开了服装的实用性、功能性的束缚，利用独具个性、大胆不羁的理念诠释着独特的思维方式和生活态度。当下，时装艺术展览平台已经成为推动服装发展的一种形式。时装艺术在中国出现之前，中国的服装一直处于一种满足功能需求的状态，在设计观念以及服装与生活的关系上未能有突破性的探讨和尝试，一直停留在较低的层面。如今随着行业竞争的国际化，服装设计应该调整设计思想、调整思考的角度，在服装设计中多方位考虑服装的美学意义、观念价值、时代精神等，这就是"时装艺术"理念在服装设计中期望达到的目的。

　　在本书中，"时装艺术"具有强烈的实验性和前瞻性，明显带有当代艺术的特征。时装艺术是一个赋予服装精神内涵的平台，是一种能帮助服装设计师走出困境的力量。时装艺术能在服装设计中起到激发设计师创造能力的作用，能带给设计师灵感的启迪和对生活现状的反思，艺术创作在与设计方法交融的过程中能碰撞出更多的火花、激情和可能性，并且能起到推进服装设计领域良性循环的作用，提高服装设计的原创性，为成熟的品牌市场铺垫可生可长的沃土。

　　中国的时装艺术展从 2007 年的"和"中韩交流展、2008 年的"从哪里来"、2010 年的"绿色态度"、2012 年的"游园"、2013 年的"日日夜夜"到 2015 年的"绽放"。这期间，时装艺术如同新生的蓓蕾，沐浴在时代的阳光中悄然绽放。时装艺术展览以不同的姿态向人们呈现出娇颜的千面，业界对时装艺术从最开始的怀疑到好奇，从期盼到参与，到今天时装艺术在广泛的范围内热议、交流，在这几年里，时装艺术展览的规模、学术水平、影响力等方面都得到发展。参展的不仅有艺术家，品牌设计师也积极参与展览，他们在这种自由形式下思考服装除实用性以外的多样化的创作形式，在自由创作的过程中，潜能得以释放，设计师在其中得到的灵感、启示是不言而喻的。设计师的创造力是一个品牌的核心竞争力，有创造力的品牌才能从单向满足物质需求的层面走向更高的精神需求层面，与国际品牌之间的距离才能逐渐缩短。不同地域与文化背景的艺术家和设计师汇聚成的思想和精神在互相碰撞中产生新的火花，开拓新的创作思路。时装艺术在这个过程中成为了一种社会文化形式的代表，成为了社会本质与思想意念的表达，各个民族的文化在全球化的背景下能与世界分享。深入挖掘蕴含在民族文化中的传统文化精髓，从自身历史的经验宝库中汲取独特的养分，使有形的时装变为带有艺术灵魂的作品，融入到无形的意境空间里，只有这样，我们才可以从时装艺术中享受丰富的美学体验，才能以此引发对于自身、未来以及整个社会发展的思考，在穿越时空中重新审视时装概念、重新铸造产业灵魂，以自身的优势对时装作出应有的文化贡献。

吕越

2016 年 1 月

目 录

第一章

时装艺术概述

　　本章注重阐明时装艺术概念，通过对时装艺术的概念、特征、诞生、发展以及时装艺术对于时装产业的作用的论述，了解时装艺术的基本状况，让更多热爱"时装艺术"的人从其理念中得到更多的创意启示，对今后服装设计的创作方法、审美水平有新的认知和理解。

第一节
时装艺术的概念与特征

一、时装艺术的概念

　　"时装艺术"英文名为 Fashion Art，顾名思义强调的是与时装有关的艺术。"时装艺术"是一种艺术形式，这种艺术形式的核心特点是：强调以服装为媒介和题材，来表达个人的情感与精神世界。它属于现代艺术的一个分支，类似于现代艺术中的装置艺术，具有创造性、思想性、艺术性和前瞻性的特性，对服装设计具有导向和指引的作用。

二、时装艺术的特征

　　"时装艺术"源于 20 世纪 60 年代美国的时装艺术运动，20 世纪中叶是一个当代艺术活跃、后现代艺术兴起的历史时期，因此时装艺术从诞生之初就与当代艺术的诸多理念与哲学思想有着密切的关系。总体而言，时装艺术的特征概括为以下几点：

1. 地域上

　　当时美国的当代艺术活跃，为时装艺术的传播和发展提供了可能性。时装艺术从美国诞生后，在欧洲和北美相继兴起，20 世纪后期

图 1-1 《昼夜阴阳》

吕　越 创作于 2010 年

主题说明：
阴阳概念强调事物的对立统一，"阴"和"阳"既相互排斥，又相互包容。阴阳如此，昼夜如此，宇宙如此，生命亦如此，万物就在这阴阳的相互转换中实现平衡。此作品利用灯泡和灯口材料本身的特质来表现对于"阴"与"阳"、"昼"与"夜"、"环保"与"生存"的思考。

素材：
玻璃灯泡、塑料灯口、金属丝

波及亚洲，21 世纪传入中国，因而时装艺术是具有国际性的艺术活动。

2. 艺术风格上

时装艺术涵盖广泛，不拘泥于任何艺术形式，涉及诸多风格，相互关联的艺术元素、艺术风格都可在服装上进行表达。

3. 理论上

时装艺术具有诸多的现代艺术理论来源和历史关联，如自然主义、象征主义、颓废主义、理性主义、形式主义，等等。

4. 功用上

时装艺术不是纯粹的追求日常服装的实用性，而是在艺术层面、观念层面、视觉层面的广泛探索，具有创新性和前瞻性。

5. 观念上

时装艺术渗透了许多关于"现代性"、"历史关联"的感知和理解，表达了艺术家们对于不同文化理念下的"生活样式"的想象以及在衣服、人类身体的符号意义之下的思想层面的探究。

第二节
时装艺术诞生背景和发展历程

一、时装艺术诞生背景——现代性诉求

工业革命之后，欧洲经历了从手工生产方式到机器生产方式的转变，在 20 世纪信息技术革命的背景下加快了全球化进程，使得科技浪潮席卷全球。在服装领域，从裁缝作坊到定制工作室，继而机械的便捷为成衣品牌的生产创造了条件，带来了时装的大众化。

在机器取代手工的过程中，大批量工业化生产和维多利亚风格的繁琐装饰造成了设计师设计水准的急剧下降，在这样的矛盾中，有人为机器带来的快捷便利喝彩，有人却为复制带来的数量化、标准化产品中艺术性的丧失痛心疾首，无论是服装还是其他产品，人们对工艺与艺术分离以及产品中艺术性的丧失，进行了一系列反思和新的设计实践。1820 年到 1850 年期间，以英国为发端的欧洲大陆的设计标准陷入了迷茫，由此引发了一场轰轰烈烈的工艺美术运动。工艺美术运动意在抵抗机器生产方式完全替代手工生产这一趋势，从而重建手工艺的价值，要求塑造出"艺术家中的工匠"或者"工匠中的艺术家"（图 1-2）。

美国工艺美术运动深受英国影响，19 世

图 1-2 　《长袍》
约 1900 年
现藏于维多利亚与艾伯
特博物馆（V&A）

选自《工艺美术运动》

素材：
天鹅绒、缎子、
蕾丝、刺绣

纪末期，美国的艺术家还慕名前往英国拜访年迈的威廉·莫里斯，20世纪60年代的美国社会问题突出，丰富的物质生活解决不了精神的问题，1968年，欧洲和美国在诸多因素下都发生了学生运动热潮，出现了充满反叛和激情的"年轻风暴"。欧洲许多哲学家们对当代文化、价值观提出了新的看法，这些都对艺术界产生了影响，导致艺术家们对观念性、趣味性、手工技术等丰富多元的艺术创作方式的热心追求（图1-3）。

二、时装艺术发展历程的三个阶段

"时装艺术"经历了三个阶段发展而成，分别是"可穿的艺术"(Art to Wear, or Wearable Art)、"不可穿的艺术"(Unwearable Art)、"时装艺术"(Fashion Art)。

1. 起源阶段——可穿的艺术

在20世纪60年代末美国的艺术运动中，艺术家们举办了"可穿的艺术"展览。这场展览中对艺术形式的要求是：让艺术能穿在身上。这是一场非传统概念、独一无二的服装创作，而这些非商业的、非实用的服装的诞生，催生出一种新的艺术形式。

在"年轻风暴"带来的以反传统为特色的反体制思潮中，包括了反工业社会带来的公害现象。他们否定工业社会，抛弃工业化批量生产出来的成衣，提倡尊重手工艺，欣赏手工制作的独一无二的服装，认为这样的服装饱含着创作者的感情，是有"灵

图1-3 *The souper dress*

安迪·沃霍尔裙子

创作于1986年
选自：*Artwear*

素材：

印刷纤维素、棉

时装艺术·设计

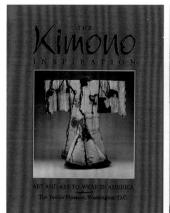

图1-4　*Kimono*、*Art To Wear*、*Artwear* **"可穿的艺术"**
相关著作

魂"的。在这样的思潮背景下引发了"可穿的艺术"运动（Wearable Art Movement 或 Art wear Movement）。其代表人物有莎伦·赫奇斯（Sharron Hedges）、珍妮特·利普金（Janet Lipkin）、让·威廉姆斯·卡西塞多（Jean Williams Cacicedo）、蒂娜·纳普（Dina Knapp）。

　　关于"可穿的艺术"的著作有：《穿着艺术：时尚与反时尚艺术》（*Artwear: Fashion and Anti-Fashion*）、《可穿的艺术》（*Art to Wear，or Wearable Art*）、《和服灵感：美国的艺术与可穿的艺术》（*The Kimono Inspiration: Art and Art-to-Wear in America*）（图1-4）。

　　"可穿的艺术"展览中，有蒂娜·纳普（Dina Knap）钟爱的日本和服表现形式（图1-5），她认为和服宽大平整的表面为绘画和图案装饰提供了便利，同时，在不穿着的时候也可挂于墙上欣赏，

图 1-5 《和服历史》(*History Kimono*)

蒂娜·纳普(Dina Knapp)

创作于 1982 年

选自: *Artwear*

素材:

印花棉布、印刷纸

时装艺术·设计

她让这种典型的具有东方民族色彩的服装持续出现在各种展览上；有珍妮特·利普金（Janet Lipkin）钟爱的手工编织的服装（图1-6）；有莎伦·赫奇斯（Sharron Hedges）尝试各种编织花样的手工编织和服（图1-7）。他们认为"可穿的艺术"是女红的传承，是雕塑艺术。

图1-6 《非洲面具》（*African Mask*）

珍妮特·利普金 美国（Janet Lipkin）

创作于1970年

选自：*Artwear*

素材：

手工编织羊毛线、木头

图1-7 《背心》（*Vest*）

莎伦·赫奇斯 美国（Sharron Hedges）

创作于1971年

选自：*Artwear*

素材：

手工编织羊毛线

2. 发展阶段——不可穿的艺术

继"可穿的艺术"运动之后，20世纪末的一些日本的艺术家开始新的思索，尝试"不可穿的艺术"。"不可穿的艺术"将"时装艺术"转变成为更具可塑性的创作 (图 1–8、图 1–9)。艺术家们所创作的艺术作品只是具有服装的造型，不是为了实现服装的穿着目的，而是创作了一件艺术品，供人们欣赏与享受。由此，从"可穿的艺术"之中诞生了"不可穿的艺术"。"不可穿的艺术"的实验者们探索了物品与人体之间的关系。

这一阶段的时装与艺术运动结合得更紧密了，时装艺术有了更广阔的创作平台，艺术家在艺术的前题下创作的作品，在人的穿衣方式上有了多方面的尝试，这些创作方式是前卫的，具有先锋性、实验性的探索。

图 1-8 三宅一生 (Issey Miyake)

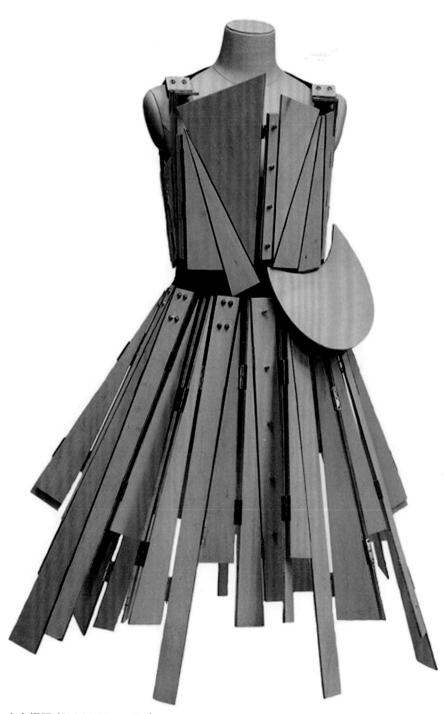

图 1-9　山本耀司（Yohji Yamamoto）

3. 成熟阶段——时装艺术

从 20 世纪到 21 世纪的现代艺术家和建筑设计师都在努力寻找新的方式来表达自己的创作，他们的艺术创作开始摆脱对于单纯的装饰工艺、传统技艺以及常规的昂贵材质的依赖，而是从不同的领域和视角来表达自我的创作主张，于是超现实主义、立体主义、抽象表现主义以及现代主义等具有鲜明创作风格的艺术流派应运而生，同时艺术家和设计师也开始在穿戴艺术中探索独特性和创新性，此时的时装艺术开始模糊了"可穿"与"不可穿"的形式问题，而是逐渐成为了一种更为独立、概念和体系的艺术创作形式。

"可穿的艺术"与"不可穿的艺术"发展的成熟阶段形成了现在的"时装艺术"。时装艺术区别于其他艺术形式，它的特征是要么保留或者采用衣服的形态；要么是作品与人的身体发生关系（作品尺度同人体比例的一致性）。

服装艺术涵盖了"可穿的艺术"、"不可穿的艺术"两个发展阶段的艺术形式，不管是否可以穿着于人体上，只要是以服装形态作为表现的艺术创作都是"时装艺术"的范畴。或许因为创作者所选用的特殊材料和艺术造型的需要，而让作品失去服装的穿着性，如金属、纸张、塑料、木材等，但是它一定是合乎人体的部分特征和尺寸的要求。这个时期的时装艺术呈现出自由的精神，艺术家经过理性思考，在作品中表达其情感态度、生活主张，成为反馈社会心态的形式。如图 1-10 所示为三宅一生 2011 年展于东京的时装装置作品。

再如法国有"时尚顽童"之称的让·保罗·戈蒂尔(Jean-Paul Gautier)，在卡地亚艺术基金会(Fondation Cartier) 的邀请下，将时装与面包相结合，创作出"面包服饰"(法文为：Pain Couture) 系列作品（图 1-11 ）。

图 1-10 *A - POC Making*

三宅一生（Issey Miyake） 日本

创作于 2011 年

图 1-11　《面包服饰》（*Pain Couture*）　让·保罗·戈蒂尔（Jean-Paul Gautier）　法国

在 2000 年英国秋冬时装周上，通过模特儿的演示，胡塞因·卡拉扬（Hussein Chalayan）像变魔术一般，把舞台上陈列的家具变成了服装（图 1-12）。这一主题为《后记》（*After words*）的系列作品令人瞠目结舌的巧思妙想，在人们脑海里记忆犹新，他也因此获得当年英国的年度设计师大奖。

图 1-12　《后记》（*After words*）系列　胡赛因·卡拉扬（Hussein Chalayan）　英国

三、中国时装艺术的发展状况——快速进步

中国时装艺术的产生发展和韩国时装艺术有着不解的渊源，时装艺术于 1980 年传入韩国，解决了艺术品也能穿在身上的问题，被翻译成"美术衣裳（미술의상）"。韩国的"美术衣裳"内容比美国的"可穿的艺术"（Art to Wear）更宽，有更多的

13

承载媒介，包括首饰、香水、摄像等。后期韩国将"美术衣裳"改为"时装艺术"（패션아트 Fashion Art），韩国于 1996 年成立了时装艺术协会。"时装艺术"这一概念 2006 年由韩国传入中国，第一个时装艺术的项目是静态展览，是从学校的课程教学交流开始的，展览的主题是《以纸为料》，规定学生用纸张作为材料创作作品。

时装艺术传入中国的关键人物是韩国弘益大学的服装专业创办人琴基淑女士（教授、博士生导师、艺术家）。当时本书的作者吕越教授、专业学科带头人刚刚创建完成中央美术学院的时装专业，正在强化教学特色。虽然，早在 2003 年的课程中就安排了从特殊材料入手进行制作作品的课程，当时完成了"以绳为料"的教学，有学生创造出了优秀的作品，但是依然觉得在概念上还不够清晰，似乎和艺术的关系还是比较模糊。正在思考如何改进的时候，接触到了韩国时装艺术的作品，通过琴基淑女士的介绍了解到时装艺术在韩国的发展和成绩。萌发了共同在中国传播这一艺术形式的念头。2006 年不但实现了一起授课，并把以纸为材料进行艺术创作作为课题进行教学，还把弘益大学研究生院学生的作品带到中国进行两国内个院校的课程汇报展，在业界引起强烈的反响。

2007 年是在教学上引进时装艺术概念的第二年，在北京举行了中韩时装艺术交流展，艺术家们的作品形式、材料、理念更加多样化。作品也比学生们的成熟很多。这次展览的成功举办使策展人吕越有信心筹办国际范围的展览。2008 年借北京举办奥运的契机，邀请了 10 个国家和地区的艺术家来到北京参加以《热情》为主题的展览。中国的艺术名家、服装设计名师、大学教授踊跃参展，作品呈现出的力量感动了许多人。之后的 2010 年、2012 年、2013 年在主办方北京服装纺织行业协会的支持下，时装艺术国际展成为参展艺术家们期盼的展览。借用时任协会会长常青女士的话说"时装艺术国际展已经成为中国乃至世界时装艺术交流的广阔平台"（选自：《游园 2012 北京时装艺术国际展》）。

组织展览，观看展览，参加展览，在此过程中涌现出一批热爱时装艺术的支持者和创作者，这批力量中，有行业协会的领导，有艺术理论的研究专家，有享誉国内外的艺术家，有国内著名的设计师，有大专院校的教师，还有不少中央美术学院的学生。几年下来，有不少作品通过展览和拍卖被人们认知，还有些作品被艺术品藏家收藏。

中国的时装艺术正在从无到有，从有到优的快速发展中。不仅时装艺术的专题展览受到关注，时装艺术家也频频受邀参加其他艺术形式的展览，涌现出喜人的景象。

第三节
时装艺术与服装产业的关系

一、两极理论

服装设计可用两极来描述功能性与审美性的关系（图1-13）。

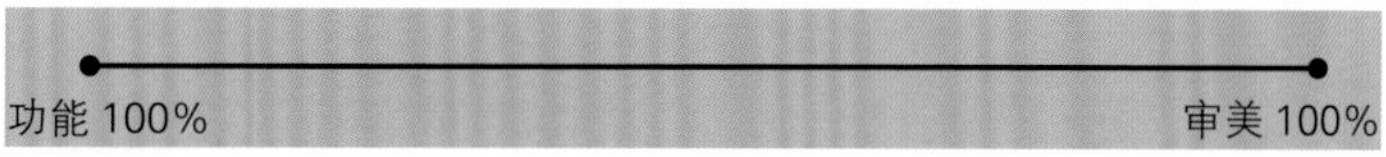

功能100%　　　　　　　　　　　　　　　　　　审美100%

图 1-13　**服装设计的两极理论**

左极是功能性，右极是审美性，大部分的服装设计都是在这两极之间滑动来定位的，根据需要变换功能性与审美性的占比。功能性占比较大时，所属的范畴是强调功能的职业服装、工作服装，例如，消防员的服装、医生的服装，其功能性的满足是第一位。而审美性占比较大时，所属的范畴是高级定制服装，定制的礼服和以展示美为前提的穿着。服装设计在中间滑动，根据品牌的定位而选择功能性与审美性的占比。

时装艺术涵盖可穿的服装和不可穿的服装。当面对不可穿的服装时，我们认为连"穿"的功能都不具备的服装，其功能性是 0，而审美性是100%，这便是艺术的特征，也就是说这类服装作品很明确地属于艺术范畴。不容易区别的是那些可穿的服装，那些服装又往往出现在高级定制服装的 T 台上，到底是属于设计范围还是艺术范围，则要看它所表达的内容，是不是为此提出了新的观念？穿的功能性是不是只满足于 T 台模特的行走？

如果服装穿的功能性无法满足 T 台下的活动，甚至连坐下来的功能性都满足不了，这个穿的功能估算占比只有

1%～5%，也就是说功能性1%、审美性99%，或者功能性5%、审美性95%，这类服装作品也在我们所说的时装艺术的范畴里。

两极理论只是个比喻，目的是帮助初学者和读者理解时装艺术所谈论的对象，区别时装设计和时装艺术。

二、金字塔理论

（一）金字塔的结构

服装市场的定位结构如图1-14所示的"金字塔"，"金字塔"的基本结构由塔尖、塔中、塔基三个部分组成，塔基为大众品牌，塔尖为高端品牌，塔中为中端品牌。

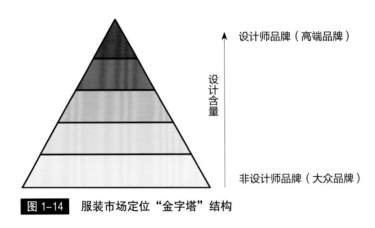

图 1-14 服装市场定位"金字塔"结构

1. "金字塔"塔基为大众市场

大众市场的特点是需求量大，市场份额的占有率大，产品的单价低、质量不高，品牌的知名度不高，多为地域性品牌。此类品牌是为满足百姓日常生活所需而生产销售的服装。

2. "金字塔"塔尖部分多为全球联销的国际品牌

国际知名品牌特点是市场需求量小，品牌的知名度高，市场份额占有率小，产品的价格高、工艺好、材质好，有较高的审美要求，设计艺术性较高。此类品牌是为满足那些追求个性表达，追求高品质生活，意图彰显身份与财富的人士的需求。由于市场份额小，所以必须是全球联销才能获得一定的利润，同时品牌经营的品类覆盖范围广，除了衣服，还有鞋、包、首饰、化妆品、香水等配套产品，这些产品成为获取利润的保证。

3. "金字塔"的塔中部分由上到下分为若干层面

"金字塔"塔中部分产品的特点是越接近"金字塔"底部的产品市场份额大、价格低；反之，则市场份额小，价格高，多为中端品牌。

（二）服装市场"金字塔"结构中塔尖与塔基的相互关系分析

由图 1–14 所示的"金字塔"式服装市场结构图，可以得出塔尖与塔基之间相互关系的三个要点：

（1）"金字塔"的塔尖表达精神层面的需求；"金字塔"的塔基表达物质层面的需求。

（2）"金字塔"的塔尖与塔基是相互作用和影响的关系，塔尖的高度决定了"金字塔"塔基的宽度；塔尖越高，受塔尖影响的塔基自然也就加宽。

（3）在众多国际级时装设计大师设计思想的影响下，服装的创新能力使得"金字塔"的塔尖高度不断得以提升。

服装行业重视"金字塔"高度提升的原因是对附加值空间的认可。将富有创新力的知名服装设计师视为明星，冠以艺术家和大师的头衔，因为只有这些先驱们将"塔尖"的高度提升，"塔基"的宽度才能随之加宽。产品的设计水准覆盖的空间越大，利润空间越大，产品才能年复一年的推陈出新。

站在"塔尖"的人群是流行趋势的引领者，位于"塔基"的人群是大众流行的实践者。

首先，位于"塔尖"的服装设计师不断进行创新，为"塔基"的服装款式设计更新指引方向，激励后来者不断超越和进步。同时，"塔基"部分的品牌对"塔尖"的跟随让自身产品的设计含量不断提高，这让街头民众的衣着不断变化，越来越符合当下的审美特征，国际学术机构研发的各种"流行趋势"才得以在大众中流行。

目前，中国的服装产业还不是很发达，"塔尖"高度相对发达国家而言还比较低，所以中国在针对服装的"流行趋势"方面还没有话语权，每年发布的"流行趋势"得不到认同，而且缺少被国际推崇的"服装设计大师"。

无论哪个国家，要想取得"流行趋势"的话语权就应该对人类服装艺术作出新的贡献。"塔尖"设计师的创新方式和艺术家的创作是相同的方式，因此很多设计大师兼具了艺术家与设计师的双重身份。自从 20 世纪 60 年代末、70 年代初，美国艺术家的"可穿的艺术"（Art to Wear）展览开始，以服装为媒介进行艺术表达的艺术形式就被设计师广泛地接受。那些追求创新的设计师只有用艺术的方式才能做到真正的创新，所以时装艺术在当今呈现出愈演愈烈的状况。目前，除了服装设计，其他产品的设计也开始与艺术融合，用艺术的创作方式进行创新设计的现象越来越多。为艺术而设计（Design for art）、艺术设计（Design as art）、设计即艺术（Design is art）的观念越来越被设计师们所接受。

（三）"设计大师"的头衔与"金字塔"的塔尖的关系

享有"设计大师"美誉并站在"金字塔"塔尖的人不多，站在塔尖的人并不是因为他们为品牌创下高的销售额而获得荣誉。胡赛因·卡拉扬（Husse inChalayan）、约翰·加利亚诺（John Galliano）、让·保罗·戈蒂尔（Jean Paul Gautier）都不是因销售额的多少而受到业界认可，而征服人们的是他们的作品所体现出的才气和创新能力，是创造力让他们获得"大师"的美誉。他们兼具着艺术家和设计师双重身份，艺术家的创作能力使得他们的作品独具特色并名扬天下；设计师的设计能力让他们的产品备受消费者的青睐并让其品牌价值连城。

他们运用出众的才华，创作出更有新意、更为前卫、更有深度、更有张力的设计作品，通过时尚演绎来引领大众时尚的潮流方向，同时将品牌特有的时尚文化扩散开来。

如卡尔·拉格菲尔德（Karl Lagerfeld）的香奈儿品牌发布会，把香奈儿精神推上了这个时代的艺术高度，每一次发布会中产品的创作水准、发布会形式都与当代艺术同步，表现形式极富创新性；时装界具有鬼才之称的亚历山大·麦昆（Alexander McQueen）的创作极具视觉冲击力，作品十分概念化又带有一丝浪漫主义色彩的野性美；迪奥的前任设计师约翰·加里阿诺（John Galliano）的设计思想也是推翻一切理性思维的创作模式，他的作品会在每场发布会上使观众瞠目结舌。2007 年的巴黎春夏时装秀中，约翰·加里阿诺（John Galliano）的作品给迪奥带来了变革，东方风格的元素带给他的设计作品诗意般唯美的画面，高耸的发饰、精致剪裁的肩部，在当时来说，都是高级定制的新风尚（图 1–15）。

同样，胡赛因·卡拉扬（Hussein Chalayan）的作品也在巴黎举行的 2007 春

图 1-15　约翰·加里阿诺（John Galliano）　英国

2007 年巴黎春季高级定制系列

夏成衣时装秀中完全颠覆了传统的时装秀形式（图1-16），由LED灯（发光二极管）制作而成的梦幻衣衫。在《111》系列中将照明装置安置进了服装，5套展示的裙子分别代表1906年、1926年、1946年、1966年和1986年的女装风格，它们各自通过自动照明"进化"到2000年。融入各种思想及高科技的服装带给我们无限惊奇。一季又一季的作品让人们惊叹之余，又不断冲击着人们已有的视觉经验。在这个思想自由、观念自由、提倡创新的时代，富有创造力的年轻人愿意用自己的创造刷新纪录，他们有愿望也有能力被人瞩目。

当下是一个多元文化并存的时代，中国的服装产业在不断地发展，很多概念还没来得及理清，又被不断更新的新生事物所取代，难免出现混乱不清的状态。中国的服装业还需要提升，争取国际话语权，更加自信地与国际同步。对于新事物需要一个认知过程，对事物的认知也需要与事物本身的发展协调，"时装艺术"的概念、作用和意义将会越辩越明。

图 1-16 《111》系列
（*One Hundred and Eleven*）
胡赛因·卡拉扬 （Hussein Chalayan） **英国**

第二章

时装艺术的
创作方法与步骤

　　时装艺术不仅能激发创意灵感和对设计的
思考，在设计过程中也起到启迪设计师创造能力
的作用。艺术创作在与设计方法交融的过程中能
碰撞出更多的火花和可能性，并且推进服装设计
的良性发展，提高服装设计的原创力。本章则是
通过创意思维训练课程和创作案例分析详细剖析
时装艺术的创作方法和步骤。

第一节
创意思维训练课程

　　"创意思维训练"是中央美术学院时装专业开设的一个初步实践时装艺术形式的课程，意在打开学生们的创意思维。课程开设之初是用"绳子"、"纸"为材料媒介进行设计，后来用到金属、塑料等多种材料进行设计，激发学生的创作兴趣。"创意思维训练"课程在中央美术学院（简称：美院）创办时装专业之初就已经开设，美院浓厚的艺术氛围使学生们对这门课程十分喜爱，他们对艺术的理解来自于美院艺术大环境的滋养，对自由创作的方式和材料探索都积极愉快的参与。为了让学生有国际视野，曾经多次邀请国外教师来美院合作授课，使学生们在不同国家的文化交流中有新的启发，在学习的过程中认识自我、挖掘自我、保持自我。此课程开设多年并有了一些经验积累，陆续有其他兄弟院校师生来美院学习交流。这门课程让初步接触服装设计的学生们尝试到站在艺术的高度去理解服装：衣服并非只是一件衣服，服装可以是聚焦人类所处的生存空间、时代的历史特征、社会的文化背景等所呈现不同内容的文化载体，如图 2-1 所示，为 2006 年中央美术学院学生"以纸为料"课程的作品。

　　创意思维训练课程分为几个阶段，逐步打开学生的思维，每一个阶段都是一个探索思考的过程，从选材到最后展览作品依次递进。

一、材料的创意

　　课程伊始便由材料入手，围绕"非服装材料"这一要求让学生到市场中搜罗各种材料信息。许多看起来与服装

22

图 2-1　2006 年中央美术学院"以纸为料"创意思维训练课程展览　贺晶

选自：《以纸为料》

无关的日常材料被带到课堂，然后需要学生一一对自己选择的材料进行讲解，如选择材料的特性是什么，为什么会选择这样的材料等。无论哪一种新材料，都需要学生自己去探索材料的特性，挖掘自己的兴趣点，在制作过程中把握材料，创造适应材料的艺术形式，了解并实践时装艺术的初级形式，创意思维贯穿于整个过程之中。学生需要大胆想象，不断尝试，最大限度地去发现材料、解决应用材料的连接方式、探讨造型塑造及展示方式的各种可能性（图2-2）。

图2-2 创意思维训练综合材料尝试

（丝瓜、铁丝、塑料管、磁片、木屑、丝网、树叶等材料尝试小样）

二、材料的连接方式

创作过程需要有好奇心，在形象空间、思维空间里自由发挥，在时装艺术里体味设计的魅力，在创作作品的过程中表达出对服装的个人理解。学习不同的材料，采用不同的制作方法。在确定了创作材料之后，需要将零散的材料连接成约20cm×20cm方形的平面，以小样的方式呈现材料的连接方式以及形成平面时的质感。材料的连接方式有用胶粘合；用细金属丝缠绕连接玻璃珠（图2-3）；用鱼

时装艺术·设计

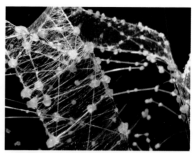

热融胶固化进行连接

缝纫方式进行连接

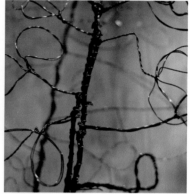

鱼线缠绕金属丝进行连接

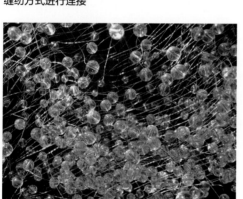

金属丝缠绕玻璃珠进行连接

金属丝相互缠绕进行连接

图 2-3　创意思维训练学生作品

线缠绕连接；用缝纫线缝合等。

三、造型的创意

服装造型的塑造有两种方式：一种方式是运用服装中立体裁剪的方式将材料直

接在人台上制作成为一件服装，根据人台的形状来做造型，这种方式让创作过程更直观、自由；另一种方式是用平面裁剪的方式先制作好服装的裁片，然后依照服装的样式将各个裁片连接成服装，这种方式更精确。如图 2-4 所示作品是直接在人台上用立体裁剪的方式制作完成。如图 2-5 所示作品是用平面裁剪的方式缝合而成。

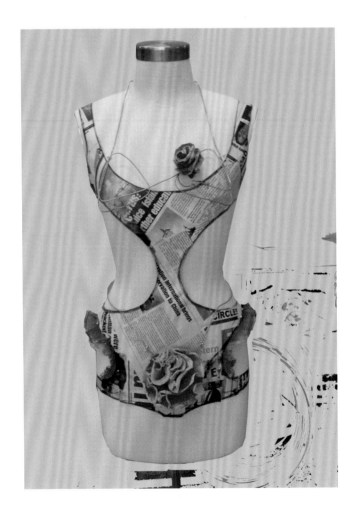

图 2-4 "以纸为料"创意思维训练课程展览

毛婧琦

图 2-5 "以纸为料"创意思维训练

课程展览 赵伟伟

时装艺术·设计

四、展览方式的创意

作品的展示方式重在氛围的营造。展示，不仅仅是作品本身，还有作品周围空间氛围对作品的烘托，以强调创作的主题或灵感。在展览的过程中往往借助灯光衬出材料的质感，不同的材料在光感下或神秘，或通透，光线的使用都是根据作品的需要而定。

作品本身可以是穿在人台上或是脱离人台单独陈列，或挂于衣架，或放在展台上，或直接用铁丝悬挂空中，展示的方式根据各自作品的特性选择，也可在作品旁边的墙面、地面做文章，以营造展示空间的氛围，这样创作出来的效果会让作品更加完整和饱满（图 2-6）。

在创意思维训练课程中，"以纸为料"是其中的一个课题，要求作品用"纸"这种材料作为媒介切入"时装艺术"概念，学习者需要在自由创作的过程中进行独特的思考，体会"设计"在一种更自由的空间展开，学习者的作品中可以展现趣味性、探索性等。艺术创作需要在平常事物中去发现美感，在细微的情感中去感受生活。如图 2-7 所示，用不同纸材料创作的模拟自然景物的作品，有的好似鹅卵石，有的好似水波纹，有的又似风化石等，用不同纸张的特性去制造不同的肌理效果。

在服装设计领域，不仅是要学会从视觉创造美，更需要在内在精神上思考属于自己的、有着个人特质的美学理念；在"体验"的情境中培养个性的细胞，激发创新的活力。更有意义的是，学习者从最初的时装艺术形式上就应有深入的思考，作品上要体现出更多的人生经验和生活印记，将这种印记转化为艺术视觉，通过时装艺术表达出来。学习者的作品可以参加多元文化的国际艺术展览以及艺术市场的艺术品拍卖，并持续不断进行时装艺术创作，用一系列的生活思考，去探寻自身独特的艺术之路。

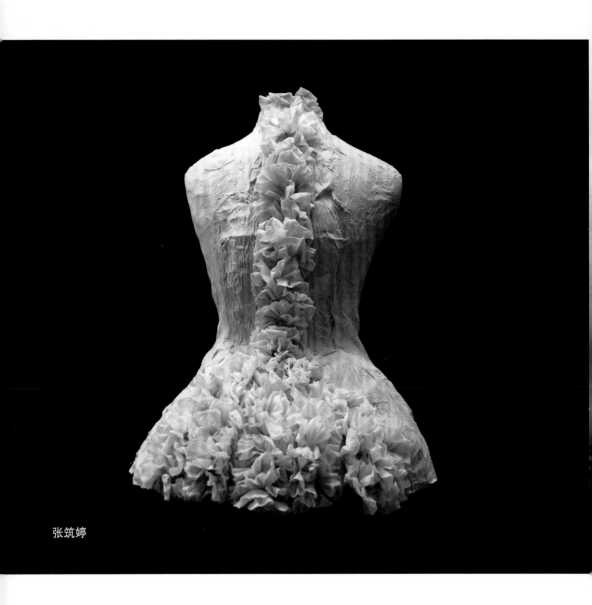

张筑婷

图 2-6　"除了布"创意思维训练课程展览

　　　　　　　　　　　　　　　　　　　　　时装艺术·设计

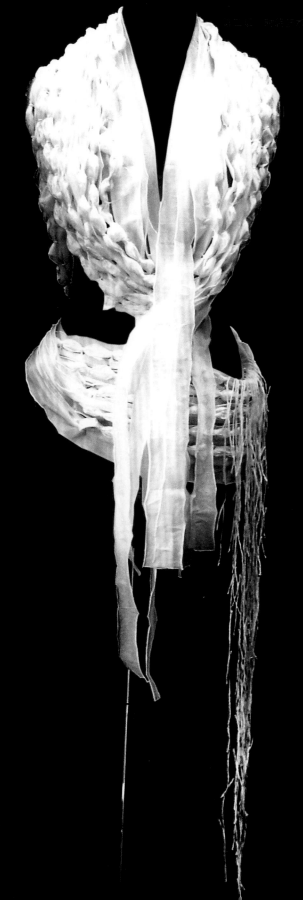

牟琳

刘骁

于惋宁

郭嘉

刘源湘

图 2-7 "以纸为料"创意思维训练课程展览

时装艺术·设计

第二节
作品的创作步骤

图 2-8　电影《乱》黑泽明

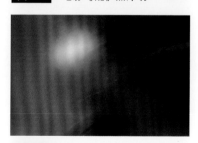

图 2-9

图 2-10

　　时装艺术作品的创作方法、步骤要根据创作者所要表达的内容而定，可从材料入手，也可从概念入手。如果先有了概念，就要根据概念的需要选择适合的材料，来表达作品所要表达的概念；如果先找到感兴趣的材料，便想好运用何种特殊工艺去把握材料，不同的材料特性会带来不同的视觉效果。整个作品要用手工制作的方式来实现，制作的过程中会出现很多偶然性、未知性的艺术效果，需要创作者在制作过程中一层层的探索，每一件作品都是独一无二的，每一件作品都有不同的思维过程和操作方法。

　　在这里，举两个"以纸为料"课程的作品案例，向读者讲解时装艺术作品创作的步骤。

案例一：

作　　品：《乱》创作者：陈墨

灵感来源：来自黑泽明导演的同名电影《乱》（图2-8）。

第一步：

在电影的色彩感觉中提取色彩，然后对所选纸张做后期相应的染色处理（图2-9、图2-10）。

第二步：

把染好色的纸张进行切割处理，用不同长度的切割纸条制造出不同长度的卷曲效果（图2-11）。把切割好的纸裙裁片固定在人台上，形成裙身前片的效果（图2-12）。

第三步：

把所有切割好的裁片在人台上设计布局，前后、左右要适合人体的结构设计造型（图2-13、图2-14）。

第四步：

作品成型效果（图2-15）。

第五步：

布置展示效果，作品完成（图2-16）。

图 2-11

图 2-12

图 2-13

图 2-14

时装艺术·设计

图 2-15

图 2-16

图 2-17

图 2-18

图 2-19

图 2-20

案例二：

作　　品：《云》创作者：解冰

灵感来源：在飞往北京的飞机上，俯瞰城市灯火，星星点点的路灯串连成线，天空中一团团的浮云半遮半漏，使街道分外耀眼。作者要表达的就是这样简简单单的一种景象，无论是回家还是奔赴工作岗位，在飞机上的一刻你可以尽情欣赏眼前的景色，不是很炫目，却令人陶醉。

创作思考：在"以纸为料"的课程中，选择将国画颜料的晕染效果运用到创作之中，经过反复的调色实验和晕染尝试，加上手纸浸湿之后的纹理，呈现如图 2-8 所示的效果。运用订书器缝制八片衣身裁片，以代替缝纫机在手纸材质的抽皱现象，又能仿制夜晚街道的纵横交错的效果。

第一步：

用钉书器将长条的卫生纸拼接成短裙的基础裁片，再用钉书器将裁片进行拼合，从而缝制出作品的底裙部分，再往裙子表面钉上不规则的书钉线条，让裙子表面质感更为丰富（图 2-17、图 2-18）。

第二步：

染制裙装外层材料，将白色卫生纸缠绕在矿泉水瓶子上，利用卷好的若干水瓶给卫生纸两端进行染色，待水快干时取下放在暖气片上进行烘干，由此得到具有渐变效果的外层材料（图 2-19、图 2-20）。

时装艺术·设计

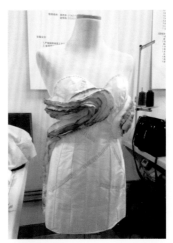

图 2-21

图 2-22

第三步：

塑造裙装外层立体部分，将染制的渐变卫生纸用钉书器固定在底裙上，按照设定的弧线进行层层叠加，得到疏密有致、色彩渐变的流云状图案（图2-21、图2-22）。

图 2-23

第四步：

制作作品的平面装置部分，将染制的渐变卫生纸条以弧线的形式层层叠加在刻有人体图案（镂空手法）的纸板上，层层渐进将纸板铺满为止，再在平面装置作品后面添加灯管，利用灯光将纸板上的人体图形显像出来（图2-23、图2-24）。

图 2-24

第五步:

将完成的两件作品进行展示,把立体的裙装穿在展示人台上进行展示,把平面装置作品悬挂在展墙上,这样平面作品和立体作品相结合,相同的设计元素,不同的表现手法,一虚一实相互呼应(图2-25)。

图 2-25

第三章

时装艺术作品
案例分析

　　本章选取了具有代表性的时装艺术作品，通过概念说明、结合实际案例分析以及优秀作品赏析的方式让大家更为全面的了解时装艺术这一艺术形式，为大家带来更多的创作启迪。

第一节
材料的选择

在当代社会，新的艺术思想的迅速传播使得艺术品不再只是传统形式的延续，艺术家们开始寻求更多样的表达手法，来呈现自己的艺术观点。天然材料、行为过程、环境、摄影实录逐渐成为艺术作品的内容。时装艺术在现阶段可以有自由的表现形式，其创作方法多种多样。不管是否可以穿着于人体，只要是艺术造型的需要，可以用非纺织类材料如金属、纸张、塑料、木材等，以服装作为表现形式进行艺术创作。艺术家通过服装这类载体，表达其情感态度、生活主张、哲学思想等。

一、以纸为材料

"以纸为材料"在创意思维训练中已经有很多次的尝试，每一次都有不同的探索，每一位创作者对不同纸张的选择都带有个人的特殊感受，这种感受能带给他们无限的想象空间。时装艺术在此创作过程中以"纸"作为材料，通过对纸的折叠、切割、变形、粘贴、揉搓、定型等方法来对作品进行造型，改变纸张原有的视觉特性，在服装的形态与轮廓中进行创作，表达"纸"这种材料的视觉美感、环保观念、材料特性等，同一种材质在不同的人心中勾勒出不同的线条、画面，最终转化为三维的形体，制造出不同的氛围。

图 3-1　《切光蝴蝶》

于惋宁

创作于 2006 年　　　　　　　　▶

> **主题说明：**
>
> *作品选用黑色卡纸进行创作，采用纸张打孔的手法将纸张进行镂空处理，展示时通过灯光将光影与实体融为一体，这样虚实相接，光影呼应，营造出一种奇幻的视觉感受。*
>
> **素材：**
>
> *卡纸*

图 3-2　《旧时光》

杜鹃

创作于 2006 年

主题说明：

作品用废弃已久的报纸为材料，废旧的报纸记载着过去发生的故事，它是过往时光的一种记录，作者通过折叠的手法巧妙结合报纸的彩色图片，完成了一款具有怀旧风格的裙装。

素材：

旧报纸

图 3-3　《折扇》

郭嘉

创作于 2006 年

主题说明：

作者采用中国传统折扇的形式进行创作，将纸张通过折叠成不同的扇形来塑造裙摆的造型，以此来表现裙的中国传统韵味。

素材：

白卡纸

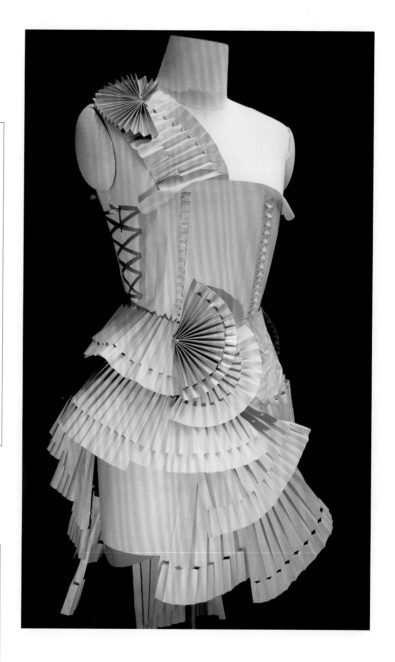

图 3-4 　《蓝》

韩旭　创作于 2006 年

主题说明：

蓝色寓意着一种梦幻，作者采用柔和的宣纸通过浸染、喷染的手法进行染色，通过层层渐变的蓝色宣纸来表现一种轻盈而梦幻的气息。

素材：

宣纸

▲

图 3-5 　《生长》

鹿文馨　创作于 2013 年

主题说明：

作品寓意着生命，不论是它的造型还是设计制作过程，都是一个生长的过程。采用硬挺的无胶脱酸卡纸，通过精确计算每一部分的体量和形状，营造出流畅的线条结构和大气的整体造型，让观者感受到生命生长的力量感与畅快感。

素材：

卡纸

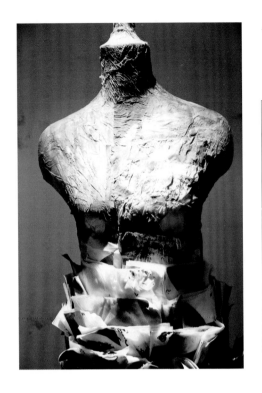

图 3-6　《腐蚀的生命》

候倩如　创作于 2013 年

主题说明：

我们被钢筋混凝土的世界所包围着，一丝的绿意在城市中自然成为一种贪婪。作者利用宣纸折叠后喷漆，留下了相互交错的钢锈铁迹，在裙子的边缘慢慢向上腐蚀着快到咽喉部的绿叶脉络，表现当下快速发展的城市进程与环境的矛盾关系。

素材：

宣纸

图 3-7　《找寻》

谈雅丽　创作于 2012 年

主题说明：

人生有时就像拼图游戏，享受有趣过程的同时追求完美的结局，在纷繁复杂的选择中寻找，每个元素虽有自己独特的形状和光泽，但都努力找寻既有共通又能兼容的同伴。找寻的意味更在于享受每一个独一无二的过程。

素材：

卡纸

图 3-8　《礻》

胡小平　创作于 2012 年

主题说明：

传统的衣饰感悟新的表达方式，是要回归本源，失去本我，还是被同化。后者是世界发展的必然。然而保留自我的认知是内心的渴望，为自我留下一片净土，得以心灵深处的慰藉。

素材：

纸

图 3-9　《报春》

楚燕　创作于 2010 年

主题说明：

设计灵感来自中国的 24 节气之一"立春"，利用废弃的壁纸特殊的肌理效果，同时用折纸的工艺，完成一件时尚、有趣的衣服。重重叠叠的手工剪纸花瓣，再现了生机初绽的春意。

素材：

壁纸

45

◀

图 3-10 　《新旧衣裙》

绪廷瑄　韩国　创作于 2010 年

主题说明:

作品将传统韩国纸的独特质感运用于服装。Jumchi 是制作韩国纸的传统技艺之一，对纸张进行最大限度的压花处理，并通过反复的挤压与摩擦，让传统韩国纸呈现出独特的质感。

素材:

传统韩国纸

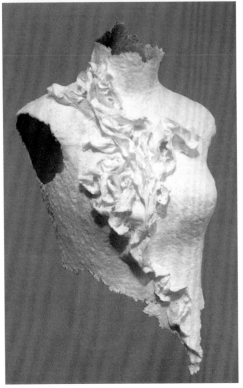

◀

图 3-11 　《残裳》

李丰秀　创作于 2013 年

主题说明:

作品表达残缺之美，人们在不完美中追求完美，在失望中看到希望，在把握现实中创造未来，在对缺憾的超越中拥抱新的生活。残缺美，也是一种美，而且是一种更深层次、更有内涵的美。

素材:

纸

图 3-12　《拆·穿》

赵伟伟　创作于 2011 年　▶

主题说明:

作品以废旧纸箱为创作材料,用废旧之物再设计,从而产生新的形象和用途,拆和穿之间是一种生活思维的转化,也是一种再利用、再设计理念的呈现。

素材:

纸箱

▶

二、以绳子为材料

　　"绳子"这种材料本身的形态是"线状",时装艺术在创作过程中以"绳"作为材料,将"线状"的绳转化为以"面"为主的形态(无论哪一种材质的绳,都需要这种转化)。创作者在创作过程中运用绳的柔软、细长易于编结的特性,通过切割、编结等方式,创作不同造型的服装,尝试出不同的线条视觉,实现由线成面的创造。

图 3-13　"以绳为料"作品

刘轸程　创作于 2003 年中央美术学院

图 3-14 "以绳为料"作品

赵伟伟 创作于 2010 年中央美术学院

图 3-15 "以绳为料"作品

魏腾飞 创作于 2010 年中央美术学院

三、以金属为材料

金属本身是人们制作各种产品的常用材料，有很强的可塑性。在服装制作中用它来制作紧身胸衣、按扣、连接线、配饰等。在时装艺术中，金属可以成为单独的材料。铜、铁、锡、铝、金、银等金属的特性各不同，有的坚硬，有的柔软，根据其特质可塑、可熔。艺术家用金属制作艺术品不胜枚举。虽然人类使用金属的历史已有几千年，但也从未像今天这样广泛地应用，在现代社会中，它是制作各种器械的主要材质。在金属的隐藏概念里，人们常常把它和工业联系在一起，所以金属也是现代性的一个重要标志。

图 3-16　《阴阳相谐》

▲　**吕越**　创作于 2006 年

主题说明：

作品以中国阴阳文化为创作主题。用具有阴阳属性的子母扣为材料，利用材料的特性，用对比的手法，道出"和"的精神：和谐、均衡、互补；也道出了宇宙生命的真谛：天地、男女、生死、贫富。

素材：

金属子母扣

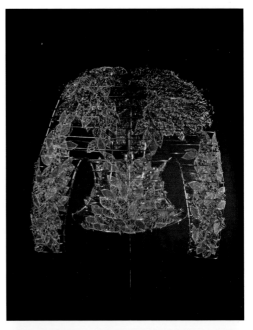

图 3-17 《零件》

王嘉妮 创作于 2012 年

> **主题说明：**
>
> 此作品用螺丝、螺母、铝网代替服装材质，仿造出类似服装绣片的视觉效果，作品在灯光和布景的映衬下显得华丽、精致。但是撤去这些装饰，走进作品，会发现，它是如此的粗糙不堪。正如当今社会中充斥着各种各样的工业产品，使我们的生活看似精致，但是在精致的外表下，我们的生活正如那些金属零件一样被"标准化"、"模式化"。《零件》这组作品，正是要对当今社会视觉化、形象化的反思。
>
> **素材：**
>
> 金属

图 3-18 《风景》

柳英顺 韩国 创作于 2007 年

> **主题说明：**
>
> 作品采用线和面进行构成，通过金属链、金属环、金属块之间的相互呼应构建出一处绝美的风景，金属间的碰撞发出悦耳的声音，如流水般悦耳动听。
>
> **素材：**
>
> 金属

图 3-19 《冷》

谈雅丽 创作于 2010 年

主题说明：

铁，冰冷坚强的质感，生命气息的交错形成了一种顽强的力量，既是控诉工业文明对大自然造成伤害，也希望能唤起人类对环境的珍视。

素材：

铁丝

图 3-20 《2010 我的社会观》

孔繁繁 创作于 2010 年

主题说明：

作品创作于 2010 年，是《2010 我的社会观》系列里面最大型的一件作品。从 2010 年夏天开始，我一直把它悬挂于户外，日晒雨淋已有三年，作品完全生锈。我不知道这种行为要表达什么，此次展览结束后仍旧要持续这个行为。过程对于我很重要，随着时间的推移，我最终可以解读这件作品。

素材：

图钉、铁丝、不锈钢丝网

图 3-21　《零度空间》

袁燕

创作于 2010 年

主题说明：

本作品从环保的角度出发，采用文件夹内部的塑料夹层为主要原料，通过一定的剪切、拼接、扭转，凸显了塑料夹层自身的层叠、褶皱及透明的肌理感。其充满流线感的线条，层叠掩映的朦胧效果带给人极强的韵律美感。

素材：

塑料

四、以塑料为材料

当代艺术中的装置艺术常常用到不同的材料，最初的装置艺术就是用塑料组成。塑料是现代社会广泛运用的材料。这种材料诞生之初人们对它极其热衷，它的可塑、可熔、密度低的特性使得它代替了许多重金属产品，树脂材料的透明度代替了玻璃产品，但是塑料极难分解的特性使得环境污染严重，制作这种材质所需的化学试剂带来的污染也是与日俱增，因此塑料被环保人士所厌恶，成为工业社会的矛盾材质之一。塑料的诸多特性使得艺术家对它的感受是复杂的，它背后所隐喻的观念也是多重性的。

五、纺织面料

当代时装艺术中除了使用非服装材料创作作品之外，更多的是创作可穿的艺术。运用纺织面料创作的时装艺术作品往往是在面料的"艺术再造"上做文章。传统面料在今天远不只经纬横竖交织的方法，人类在织造面料艺术上不断地探索，织造机械的改进使得现代纺织面料花样繁多，但是，总有一些质感效果是机械无法达到的。从时装艺术诞生开始，艺术家就运用手工工艺，在传统面料的改造上进行再创造，制作出独一无二的时装艺术品。

在当代手工艺术家中，美国的艺术家劳达·拉瑞恩（Louda Larrain）一直致力于手工面料创作，多次与世界顶级品牌合作，运用手工面料制作高级成衣。运用纺织面料创作的时装艺术作品是可穿的，在时装的图案设计、工艺设计、造型设计上都有不同方向的探索，可直观的与"穿衣"的概念发生联系，对服装设计师而言，在设计方法上有直观的启示作用。

图 3-22　《魔力》

劳达·拉瑞恩（Louda Larrain）　美国

创作于 2008 年

主题说明：

魔力是艺术的精神，是艺术家灵魂中的斗争、热情。西班牙诗人加西亚·洛尔迦曾写道："于是，那一刻，魔力是一股力量而非劳作，是思想的挣扎而非思索。"作品《魔力》是对"热情"的致敬，它是一首诗，一个梦，一支热情洋溢的弗拉明戈舞曲。

素材：

手工桑蚕丝、羊绒混纺

图 3-23 《游戏成长》

劳达·拉瑞恩（Louda Larrain）美国　创作于 2012 年

▲

主题说明：

在小孩子的梦境中，玩具，即兴角色扮演和打扮都是象征着长大的替代品。复制、模仿、许愿和游戏构建了他（她）们理解的精彩的未来生活。用原始工艺手工制作的特殊织物是特意为该服装而创造的，有着自己的个性和特质。

素材：

纺织面料

图 3-24　《红色织物》

图 3-25　《花儿》

夏知延　韩国　创作于 2008 年 ▲

主题说明:

通过各种粗糙的纱线与硅材料的组合,表达将织物由粗糙变为光滑的过程,也是纱线变为织物,而后成为衣服的过程。

素材:

各种织物的纱线、硅材料

朴炫信　韩国　创作于 2008 年 ▲

主题说明:

作品通过不同材料的结合,在面料上进行不同肌理的呈现,粉色蚕丝织物与蕾丝结合正如一朵朵含苞待放的花朵般惹人怜爱。

素材:

蕾丝、蚕丝织物、毛毡

图 3-26　《野玫瑰》

刘锦和　韩国　创作于 2008 年 ▲

主题说明:

作品以棉和桑皮纸为材料,通过两种不同材质的质感对比来呈现一种粗犷的面料质感,正如野玫瑰般的绚烂不羁。

素材:

棉、纱网

图 3-27　《述说》

李薇　创作于 2012 年 ▲

主题说明:

同一材质的不同表述,严整的组合结构与自由随机的韵律,体现出一静一动的趣味。

素材:

蚕丝织物、亚克力

◀ 图 3-28　《中国印》

吕越　创作于 2009 年

主题说明：

本作品是 2009 年为中华人民共和国建国 60 周年庆典活动而设计的。60 枚印章分别代表新中国走过的 60 年历程。从 1949 年开始到 2009 年的 60 年。

作品的颜色采用中国老百姓喜闻乐见的大红色，红色饱含了吉祥喜庆之意。

服装采用带有传统纹样的中国丝绸与西式晚礼服款式结合的造型。首饰采用阿拉伯数字与中国表示年份的文字组合成图章的内容。例如，1949、2009 和乙丑；1997 和丁丑；2000 和庚辰；2008 和戊子等。

作品强调和呈现的是东方文化和西方文化的结合。无论是服装部分，还是首饰部分，都采用融合的手法，将东方和西方元素有机地结合起来。作者希望通过这种设计的表达方式，传递不同文化的视觉印象，呈现出中国传统与西方文明的融合。

素材：

丝绸、亚克力

图 3-29 《闲云野鹤》

张婷婷 创作于 2010 年

主题说明：

采用天然材料，希望表达一种自由而畅意的生存状态。如果说，这种状态呈现的是一种闲云的意境，那么，做一只在闲云中穿梭的野鹤，又该是怎样的呢？

素材：

布、棉花、中草药

图 3-30 《蜃楼》

于惋宁 创作于 2012 年

主题说明：

《蜃楼》这个系列的灵感来自于中国当代艺术家李尤松的画《工厂迷宫》。蜃楼是一种自然景象，作者希望自己的设计能够以时装设计为媒介，基于对共和、大同世界的憧憬，构架心中理想世界的画面，富有怀旧的情怀，是灰色调中的一抹亮色。创作手法是将羊毛线剪成碎头，填充在透明的面料里。

素材：

羊毛线、欧根纱

◄ 图 3-31　《进化》

于惋宁　创作于 2011 年

主题说明：

用蚕丝织物和塑料组合而成，模仿人的皮肤和毛发的形态。希望以一种天然的材质结合一种化学材质，让自然与刻意相遇，控制与失控相遇，原始与未来相遇，柔软与坚硬相遇……这个矛盾体就像是一面镜子，两种对立观念的碰撞带给我们的是疑惑，是思索。我们只有在矛盾中找到平衡，在平衡中找到答案。

素材：

蚕丝织物、塑料

主题说明：

在缤纷的世界中，人类与自然曾是最好的伙伴。在飞速发展的今天，蓦然回首，大自然已经面目全非。为了美好的明天，让我们回到原本，褪去一切的浮华，感悟本原的自然，那是心灵的最好栖息处。作品选用单一的洁白，以大自然的最美的花朵为灵感，表达对自然的热爱，呼吁大家对环境的保护。

素材：

素缎

图 3-32　《原生花》

王羿　创作于 2010 年

▲

图 3-33 《棱角分明》

海琵·安德拉达（Happy Andrada） 菲律宾

创作于 2013 年

主题说明：

因受菲律宾的民族服装——塔加拉族服饰的启发，运用凤梨纤维、麻蕉纤维等天然材质，设计制造这款棱角分明的单色浸染连衣裙。

素材：

凤梨纤维、麻蕉纤维

图 3-34　《柔软的坚硬》

张茜宜

创作于 2015 年 ▶

主题说明：

作品在纱线钩编过程中，通过编结将螺母与垫片编入其中，将坚硬而细密的金属材料融入松曲而柔软的针织造型之中。

素材：

纱线、螺母、垫片

图 3-35　《世间之流》

梁莉

创作于 2013 年 ▶

主题说明：

我的日子滴在时间流里，没有声音，庽没有影子（朱自清）。
材料来自于自己穿过的旧衣服。

素材：

绢、金属链

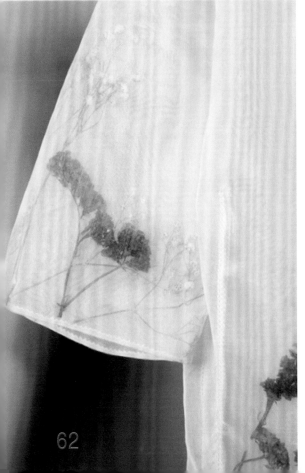

图 3-36　《"自然"空间》

赵卉洲

创作于 2013 年

◀

主题说明：

有色彩、有呼吸、没有取悦、没有禁锢

日日夜夜，找寻这样一个空间

绣花依然是工艺精湛之笔

鲜花还无法批注在时装的任何位置

试图颠覆理论的写照

有色彩、有呼吸、没有取悦、没有禁锢

日日夜夜，找寻这样一个空间

绣花依然是工艺精湛之笔

鲜花还无法批注在时装的任何位置

试图颠覆理论的写照

取真丝的通透、欧根纱的硬质

用绣花的原理勾勒真实的花叶

用一个纯白的朦胧空间

承载大自然的美好意境

"自然"空间

紧抓不放的美

异素材相遇的美

静谧的美

绽放的美

属于永恒的时光

素材：

欧根纱、干花、绢花

图 3-37 《冰》

山本怜（Rei Yamamoto） 日本

创作于 2013 年

图 3-38 《真丝雪纺连衣裙》

田中崇顺（Takayuki Tanaka）、松本元幸（Motoyuki Matsumoto） 日本

创作于 2013 年

主题说明：

通过以往的经验，我们意识到，已经融入日常生活中的服装设计却给我们带来了些许不便，我们不仅要恪守某些制作工艺，而且还要精心地选择材质和颜色。我们将这一趋势进行剖析，并且重新获得了服装设计的自由，选用舍弃的材质和颜色，我们渴望播撒创新的种子，将昔日形象彻底颠覆。

素材：

真丝

主题说明：

冰一点点融化，然后再结成冰，再融化，日日夜夜……

素材：

皮革

图 3-39 《位移空间》

赵伟伟

创作于 2012 年

主题说明：

设计概念以物理学位移为出发点，转换设计角度将力学位移的理念运用于服装的空间探索，采用位移点植入的方式将服装设计中的空间可动化，通过位移点的路径变化而获得不同的服装空间呈现。

素材：

氨纶、纱

主题说明：

涡，存在于人们的日常生活中和心中，有些可以被感知或被预见，而有些则隐藏于黑暗中……神往之梦境抑或是未卜之命运，无论它是什么，你都因其神秘而被深深吸引，然而当你置身其中，试图逃逸时，却发现早已无法抗拒。

素材：

未经加捻的棉条

图 3-40 《涡》

袁燕 创作于 2012 年

主题说明：

心中的家园，不比现实的家园。它没有房屋，没有空气，没有阳光，有的只是宁谧的空旷和圣洁。纯粹的灵魂在那个广袤的空间里恣意飞翔。这件设计摒弃当代服装设计美学的完整性追求，但对时尚的乐趣仍然没有被破坏而得到的新的创意。冲动的笔触在象征经验主义的皱褶上表现活力和自由，在色彩的直接和残件的运用中追寻着"历险艺术"，用雕塑的手法和热烈的笔触去表现自由浪漫的心理状态。

素材：

纺织面料

图 3-41 《心中的家园》

张肇达 创作于 2012 年

65

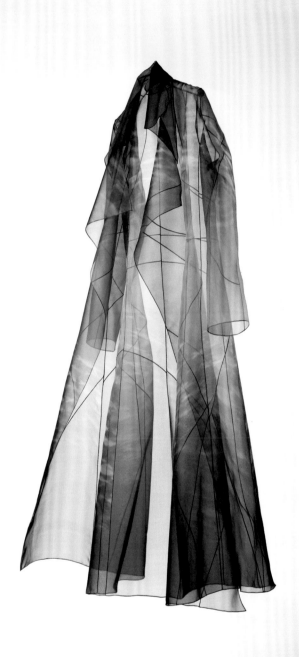

图 3-42 《青色幻影Ⅳ》

郑贤 韩国 创作于 2012 年

主题说明：

大海是每一个生命的家园。作为寻求光与色彩的延伸，作者努力从视觉和心理上表达对海洋之蓝的感受，游弋在水下的生命与水的融合，从感官和思想上营造出一种幻影。

素材：

欧根纱、纺织面料、数码印花

六、综合材料

时装艺术中用非服装材料创作作品，用到的材料可能是一种，也可能是多种，综合材料的作品是属于装置艺术的一种。装置艺术是一种由不同材料构成，它可以是立体的展品，也可以是一种布置展品的方式，一个展览空间，所以它可以为多种艺术流派所用。

图 3-43 《游戏》

琴基淑 韩国 创作于 2012 年 ▶

主题说明：

思考一下在我们的生活中，家人之间、朋友之间、同事之间的关系是何等的重要。家庭某种程度上意味着在一个叫"家"的地方共同生活。怀着感恩的心生活在这个世界、这个星球、这个家，分享思想，祝福安康。

素材：

金属丝、珠子

图 3-44 《历史，空间，居所》

安东尼·贝德纳尔（Anthony Bednal）

英国 创作于 2012 年 ▶

主题说明：

这件作品的关键点是"家"的提出，只是由地点、建筑物、投资额来定义的，并因此成为我们城市生活中用以区分和限制人的标志，抑或是个更加概念性的前提，它与有亲和力和归属感的合适的社区之间没有边界。

素材：

手工书写牛皮纸、蜡等材料

图 3-45　《另一……》

孔繁繁　创作于 2008 年

◀

主题说明：

另一个世界，另一个我，另一件衣服，另一……

素材：

棕榈叶

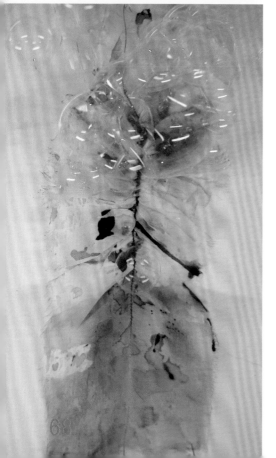

图 3-46　《扩散》

黄泳胜　马来西亚　创作于 2012 年

◀

主题说明：

通过不同颜色的混合形成了自然扩散的颜色，就像是一场随意自然的游戏。丝绸面料上扩散开的染料和泡泡相互交错的效果是不可预测的，永远为人带来意想不到的效果。

素材：

丝绸面料、纺织染料、化学试剂、塑料

图 3-47 《西施》

陈庆庆

创作于 2008 年

主题说明:

作品以中国传统植物纤维、干花为材料,服装形式取自中国传统服饰,借以表现具有中国古典气质的无穷魅力和中国服饰中人与自然的浑然天成。

素材:

蔴纤维、干花

图 3-48 《夏娃的梦》

金姬淑 韩国 创作于 2010 年

主题说明:

在上帝初创天地之时,伊甸园是绝美的理想天堂。伊甸园是纯净的自然,人类会不由自主地憧憬着它。人类出于本能,希望回到自己出生之地。我希望今天的自然可以回到最初的状态,所以通过作品展示脑中的伊甸园,这是夏娃的梦。

素材:

人造丝、蕾丝、网、棉

图 3-49 　《夏日》

朱红

创作于 2012 年

主题说明:

我家住在靠山的房子里,树根顽强的穿越墙壁爬进我家厨房,夏日,每天都在昆虫、鸟鸣和知了的叫声中度过。自然以其强劲的生命力宣泄着它们的欲望,并渗透到我们身体感官的每一个细胞,无孔不入,让我成为它们的一部分,这就是我的家园。

素材:

丝袜、竹签、棉

图 3-50 　《轮回》

朱红

创作于 2013 年

主题说明:

日日夜夜即是一个不断轮回的过程,笔者以此为出发点,对这个主题进行解析,以确定自己的创作意图。

素材:

丝袜、竹签、棉

图 3-51　《π，别》

张文辉　创作于 2012 年

主题说明：

用最常见的别针，组成大圆、小圆等多样之圆，结合传统元素和西方时尚形象的创意意念，将具有抽象前卫气息的立体金属图案与中国传统旗袍形式相结合，在传统与前卫之中寻求一种新的穿衣可能性。

素材：

羊绒面料、别针

图 3-52　*LED*

崔璟姬　韩国　创作于 2010 年

主题说明：

小而密集的 LED 是众所周知的节能灯，几乎是当今最有效的生态光源。作品展示了 LED 灯在黑暗中使衣服发出光芒，塑造出闪烁的美妙时装。在 LED 灯的中心涂上硅胶，把红色和蓝色聚碳酸酯元素相互黏合，制作出来的两件上衣晶莹剔透、色彩斑斓，从而形成了装饰性铠甲般的质感。

素材：

聚碳酸酯、发光二极管、硅胶

71

图 3-53 《重塑》

罗莹 创作于 2010 年 ▶

主题说明：

自然和人为之间的冲突在新世纪初始更加触目惊心。在过多人为痕迹的当代文明中，重塑自然的力量，重塑内心的平衡，重塑人类的家园。

素材：

麻纤维、锡纸

◀

图 3-54 《风花》

张肇达 创作于 2010 年

主题说明：

作品吸纳了阴阳法则，五行法则的华丽中沉淀出朴素，可以看到，层峦叠嶂的山脉与斗折蛇行的溪水，还可以看到曾经发生过的历史以及轰轰烈烈的战争。让人们感受到作者对生命的热爱，对生命之美的咏颂。

素材：

棉织物、油漆

时装艺术·设计

◀

图 3-55 《丝念》

陈静 创作于 2013 年

主题说明:

作品的灵感来源于中世纪一个浪漫凄美的爱情故事,白天,女主人会变成鹰,夜晚,男主人会变成狼。日与夜不会同时出现,男与女注定同在一片天空下而永生不得相见。作品通过藤丝的编织缠绕营造出丰厚的肌理效果,表达日夜蔓延的"丝念"情怀。

素材:

包塑铁丝、印尼藤丝

图 3-56 《葐》

顾建议 创作于 2013 年 ▶

主题说明:

作品通过几种材料之间的穿插形成了独特的结构造型,对空间进行了流线型的分割,以和人体若即若离的关系,表现了服装作为人体与环境之间的过渡空间的状态。

素材:

苎麻、芦苇、底面线

图 3-57　《插件空间》

吕越　创作于 2014 年

主题说明：

作品将采用切割成箭头形状的单体，用插入的方式组装成作品。体现单体和组合的关系以及阴阳的关系。

素材：

毡子、PVC 塑料

图 3-58 《张弛之道》

李奎媛 韩国 创作于 2013 年 ▶

主题说明：

本作品表现了日常思想的波动和张弛之道。

素材：

皮革、塑料网

图 3-59 《消失的岁月》

莎拉·西维特（Sarah,Sieweit） 德国

创作于 2013 年 ◀

主题说明：

这件作品旨在表现昼夜更替的那个时刻。明亮的荧光材质表示悄然而至的白天驱赶走了夜晚和月亮。黑色丝绸面料用于表现黎明前的黑暗。衣领采用钩针编织，与荧光透明的聚酯条带相得益彰，呈半月形。

素材：

荧光聚酯条带、丝绸面料

75

图 3-60 《蓝衣》

孙舒 创作于 2013 年

▶

主题说明:

作品通过材料质感光影,色彩明暗对比,传统
与现代技法来表现"日日夜夜"的主题。

素材:

尼龙织物

图 3-61 《交替》

罗莹 创作于 2013 年

◀

主题说明:

从白天到晚上,从年幼到年长,
生命在流失的同时也在轮回和交
替。

素材:

尼龙搭扣

图 3-62 《记忆》

萧颖娴 创作于 2012 年

主题说明:

作品《记忆》由印有旧时记忆图案的丝绸面料经激光雕刻成几何切片,再通过相互穿插构成物品。切片拼接组合是一种方法,作者试图通过这样的试验作品来研究服装单元组合与重构的操作方法以及装配工艺等。

素材:

丝绸面料、塑料等

图 3-63 《我是环保产品》

于惋宁 创作于 2010 年

主题说明:

环保不是一个结果而是在每一个过程中的细节,很多宣扬环保的产品其实生产的过程极其不环保。人类理应具备的社会道德大多数时候成为了商家为获取更多利益的一面幌子。

素材:

塑料、金属

第二节
从"观念"开始

观念艺术来源于 1920 年早期的达达艺术，对后来的后现代主义艺术有着深远影响，一直影响到当代艺术。在当代艺术作品中，"观念"不断地为艺术注入新的生命力。观念艺术认为艺术的本质是思想或者概念，作品的物理形态并不重要，所以也叫思想艺术、后物体艺术或无物体艺术，它可以是一组记录思想的文字材料，也可以是对一个事件的照相实录或是影像、行为等。一切都是因创作者的思想所定，观念主义艺术家探询艺术与思想、艺术与知识的关系，最终表达是用文字、美学或者哲学的语言。

观念艺术对传统的艺术判定标准提出质疑，在当代观念艺术中，人们对待艺术的价值观开始产生了变化，艺术不再只是为了探索美，艺术可以是艺术家的意图、思想以及所要表达的创意概念，而不一定是手工制造出的作品。

一、注入生命力

为作品注入生命力是现代艺术中的一种过程艺术，过程艺术注重作品的制作过程，认为过程比拟定好的构思重要，体验时间流逝胜于观看静止和持久的物体，力图表达瞬间即逝的短暂存在，此种艺术最初的来源是波洛克在创作中随意滴溅颜料的偶然性，波洛克的作品注重参与作品创作的过程，创作过程多是作者对作品形态、视觉的任意改变。时装艺术里，服装本身展览的过程、服装在展览过程中的变化，是根据时间的推移而变化的，就像一件在生长的物体，体验着时间流逝带给作品的"偶然性"、"不确定性"的过程。

时装艺术·设计

图 3-64 《呼吸》

李言 创作于 2006 年

主题说明：

作品是用气球组合成一条裙子，在气球不同的大
小中去组合裙子的形态，在气球内的气体渐渐流
失的过程中，气球慢慢缩小，但是每一个气球内
气体流失的速度不一，因此，气球变化过程中的
不确定因素带给裙子不确定的未知视觉效果，随
着球内气体的流失，裙子的形态在发生变化，不
仅如此，裙子上的球还会不断脱落，地面上的球
在增加的同时，裙上的球在减少，其裙的轮廓也
在发生变化。贯穿整个展览过程。

素材：

气球

图 3-65 《水与纸》

朴普 韩国 创作于 2006 年

主题说明：

在服装上用的材料是彩色的纸，在服装上方悬挂了
输液瓶，瓶内的液体随着管道慢慢流到服装的彩色
纸局部，液体与服装上色纸接触的地方发生化学反
应，有颜色的变化，液体的多少决定了颜色的变化
程度，液体的成分有酸性的，也有碱性的，酸性和
碱性的液体在橘色的纸上相遇产生的颜色或绿或
红，在变化的面积增加的同时，色彩也随液体的进
入而变化。为展览过程注入了新的生命。

素材：

橙色硫酸纸、自来水、酸性水、碱性水、输液瓶

二、激活现成品

美国画家德库宁说："杜尚一个人发起了一场真正的现代运动，其中暗示：每个艺术家都可以从他那里得到灵感。"杜尚的作品似乎都是信手拈来的"现成品"，虽然从当时的艺术概念看来，把现成的产品或是其他物品放到艺术展览上是荒诞不经的，但这种看待艺术的方式、观念却改变了人类对艺术乃至艺术价值的整个看法，杜尚的艺术告诉人们，艺术的价值在于思想，任何产品融入特有的思想都可以成为艺术品。自此人们开始质疑传统艺术的美学观和艺术创作"模式"的必要性，开始从观念上得到最大的自由，每个人都可以激发最真实的思想情感。

在当代艺术中，"现成品"的影响无处不在，从以下几个方面给人们以启发：

1. 作品的美不重要

自古以来，艺术家以创造美的形式为天职，但杜尚认为美并不存在，艺术和创造艺术的人也没什么特别崇高的地方，他告诉人们，普通物品与艺术品没什么区别，重点在于作品表达的内容。

2. 艺术即生活

传统艺术把艺术和生活分离，纯艺术是架上绘画或者雕塑作品，而现成品艺术中，任何东西乃至行为都可以是艺术，在特定的环境和时间里，现实生活中的普通产品放进美术馆里，就可以是结构主义的雕塑。生活用品以及生活中用过的物品（包括垃圾），都可以借题发挥，传达超越物品本身的意义。

3. 技术并不重要

人们习惯将艺术创作看成是需要一种专门的技术训练，所以有专业画家，"现成品"艺术却与技术无关，它只需要一种选择的想法，而"选择"是一种思考过程，与制作技术无关。

▲ 图 3-66 《余香》

吕越 创作于 2012 年

图 3-67 《TIC-TAC-TOE 游戏和期待最好的东西》

莎拉·西维特（Sarah Slewert） 德国

创作于 2012 年 ▶

主题说明：

这件作品可以与德国一支叫"Tic-Tac-Toe"的女子 hiphop 乐队的音乐相呼应。作品使用了铝片、聚氨酯条和聚氨酯骨架。用过的胶囊咖啡包装（Nespresso）。

素材：

铝片、聚氨酯条、聚氨酯骨架、胶囊咖啡包装

87

图 3-68 《青瓦》

孔繁繁 创作于 2012 年 ▶

主题说明:

录像带、3.5 英寸盘、CD、DVD、U 盘、移动硬盘,不光记录文件数据,也是大众娱乐的重要媒介载体。虽然这些物品已经逐渐被时代淘汰,但是我们可以使它们变换另一种游戏规则来取悦社会。

素材:

光盘

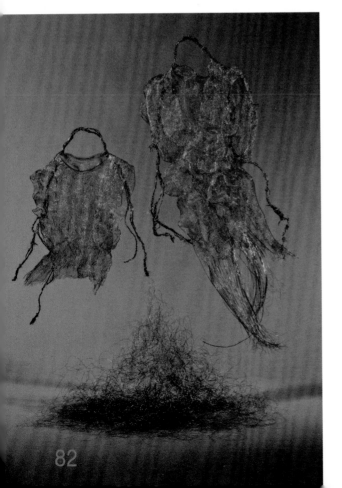

◀

图 3-69 《超度》

金静惠 韩国 创作于 2008 年

主题说明:

创作这件作品的艺术家是一个虔诚的基督徒,她的作品中带着性灵的成长和内心的信仰。红色象征着耶稣祭奠的鲜血获得超度,呈上升姿态的形式表现灵魂飞往天堂,透明光亮的材料象征不可见的灵魂世界。

素材:

镀铜丝

图 3-70 《趣味》

金英美 韩国 创作于 2007 年

主题说明：

在现实生活中，流行的趣味充斥着时尚杂志的内容，更新的流行与趣味的变化在杂志中成为过往的时间。

素材：

杂志纸张

图 3-71 《漫长的旅程》

金贞伸 韩国 创作于 2010 年 ▶

主题说明：

咖啡的幽香中绽放出姹紫嫣红，被我深情拥抱；缠裹双足的厚袜伴着我，开始了漫长旅程。作品通过各种装饰品如富有韵律感的帽子、结绳、绗缝的袜子、可回收的咖啡包装袋等的协调运用，表达在漫长旅程中所发现的多姿多彩。

素材：

结绳、稻草帽、绗缝袜子、咖啡包装袋、线、珠子

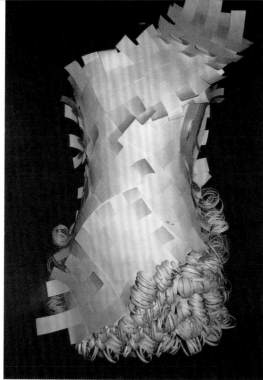

▶

图 3-72 《记忆的碎片》

陈静 创作于 2010 年

主题说明：

作者用平常的纸杯记录生活，在制备的碎片中回忆生活的点滴。

素材：

一次性纸杯

◀

图 3-73 《刺》

孔繁繁 创作于 2010 年

主题说明：

通过作品《刺》传递一种伤害与被伤害、挣扎与束缚的情感。我们现在的生活中无处不在的是工业化的产品，工业化现象充斥着整个社会，这一切已经成为人类生存和发展的必需品，虽然这些"必需品"给人类的生活带来了更多更好的便利条件，使社会向前发展的脚步越迈越快，可是这种带有浓厚的工业化情结的生活方式也给人类及地球划下了深刻的伤口。

素材：

金属钉（图钉）

三、调侃艺术品

　　经典的艺术作品是每一个时代的印记，在今天的多元文化中，经典的艺术作品往往成为代表性的符号，是设计艺术中的一个元素，它们以装饰元素的形式出现在时装艺术中。人类最初的艺术活动是自发和天然的，无须专门训练，更没有艺术家和非艺术家的区别。在西方艺术中，艺术家被视为一种职业开始于中世纪时期，自此纯艺术与生活用品分离，艺术创作成了一项专门的工作，因此有了专门的关于艺术的标准。中国自古以来文人画家和匠人的距离更是处于劳心与劳力的不同社会阶层。这种分工和标准是以往等级制度的产物，并不利于艺术的创新和人性的解放。

　　在当代社会，民主思想深入人心，艺术家不愿意把这些已有的标准当成至高无上的法则来遵守，当代艺术中有许多调侃经典艺术，不把已有的艺术标准乃至文化尺度放在眼里，以一种看似搞笑而实际上相当深刻的思想诠释艺术。时装艺术中出现的经典艺术品印在纺织织物上，将经典艺术作为一种时代的符号元素运用于设计元素中，从而呼唤一个新的富有自由创造精神时代的到来。

▲
图 3-74　　《父亲》

武学伟　创作于 2012 年

主题说明：

服装上的图案来源于画家罗中立先生的《父亲》，从平实、质朴、沧桑的父亲到具有朋克精神的父亲，透过极简的服装造型语言对父亲全新的诠释。父亲——幽默、乐观、天天向上。

素材：

纺织面料（数码印染）、珠片、拉链

85

图 3-75　《水墨乾坤——花鸟图》郎世宁　意大利　清代

图 3-76　《水墨乾坤——花鸟图》

薄涛　创作于 2012 年 ▶

主题说明：

作品取材于郎世宁的《水墨乾坤——花鸟图》，将平面绘画中的自然景象融入到立体的服装中，将国画的意境与时装所表现的意境相融合，是对传统经典绘画意境美的时尚再现。

素材：

丝绸面料（刺绣）、印花

服装艺术·设计

四、再现传统文化

不同的民族有其独特的文化，每一种文化呈现出的艺术有其特有的精彩之处，这种独特性是植根于每个民族的文化特征，不同的地域特征、风俗习惯、道德信仰、生活哲学下的文化呈现出不同的艺术。无论绘画还是雕塑；服装还是器具；庭院还是建筑，都带有深深的民族文化特征。

主题说明：

一直以来都有一种感觉，那就是人类作为自然界的一个物种，但生活距离自然越来越远了。就连与我们朝夕与共、肌肤相亲的衣服，也渐渐地被非自然材料取代。人、自然、历史，人类在走向哪里？我于是笨笨的、执着的用自然的材料延续着服装系列的作品，麻、棉等天然纤维面料以及些许干萎的花、叶，都是被选择的材料。因为我始终执着地相信，自然本身是高级的。

素材：

蘇纤维、干花

▶ **图 3-77** 《暑安》

陈庆庆 创作于 2010 年

无论哪一个民族都没有一成不变的文化，文化是不断发展丰富的，每一个时代有适应于那个时代的文化，但其中总有一些观念、哲学思想、风俗习惯是不因时间的流逝而消亡，总有一些价值存在于人们对它持续不断的情感中，在我们的视觉里不断呈现出新的艺术作品。

▲
图 3-78 《痕迹》

吕越 创作于 2011 年

主题说明：

作品采用不同深浅的透明材料叠加，用平面裁剪的方式成型。一个系列两件套，一件体现中式韵味，一件倾向西式风貌，希望传递不同文化给我们留下的痕迹。衣服上红色的明线，不仅是色彩上的点睛之笔，更是文化痕迹的表达。

素材：

透明尼龙纱

▲

图 3-79　《阴影中的梦想》

琴基淑　韩国　创作于 2013 年

主题说明：

怀旧使我们变得充实。作品款式为传统的韩服，代表了一种怀旧情结，中性色彩的运用
暗含着对理想世界的模糊渴望；在古老的韩服影子和层叠的透视阴影中去实现怀旧梦想。

素材：

金属丝、珠子

▶

图 3-80 《温柔的线》

金红京　韩国　创作于 2007 年

主题说明：

线条是传统服饰中平面结构的基本特征，延展的线条延续了直线带来的不同视觉。

素材：

丝绸面料

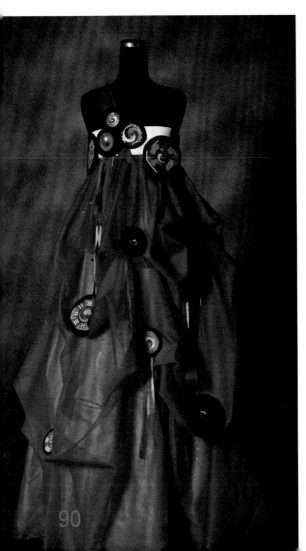

◀

图 3-81 《太极》

朴花顺　韩国　创作于 2008 年

主题说明：

太极阴阳的图形象征着传统文化中韩国服饰的民族精神。

素材：

桑蚕丝丝绸、光盘

时装艺术·设计

◀

图 3-82 《母亲》

李永玲 创作于 2008 年

主题说明：

《母亲》系列作品之一，整件衣服是由 56 块棉布组成，所有扣子系起来就是一个装人的口袋，一块或几块棉布可以组成帽子或口袋，全部展开是一个平面图形。

素材：

棉布

▶

图 3-83 《东方品味》

郑圣惠 韩国 创作于 2008 年

主题说明：

这件作品将韩国传统艺术品融入现代服饰中，印花图案源于韩国的民间绘画，服装轮廓也受到传统韩服的影响。

素材：

丝绸、硬纱

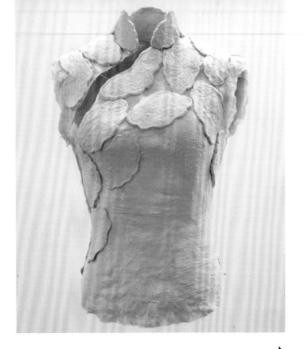

图 3-84　《如意》

张婷婷　创作于 2013 年

主题说明：

如意于衣，衣比如意。一段古老的故事，一个美好的如意，是心中的理想世界。

素材：

卫生纸

主题说明：

把传统的韩国真丝面料斜裁的布条缝制连接，形成带有弹性和褶皱的造型。

素材：

真丝面料

五、思考生活哲学

此类时装艺术作品是艺术家通过服装语言去表达服装与多元生活的关系，它是艺术家对生活的思考，是艺术家通过服装表达其观念，是一种观念艺术。观念艺术需要作者与观看者的共同反应，让观众至少在心理上参与。不同的观众根据个人性格、心境、经验对实物的理解提出他的观点，形成观察及延伸思考的内容。观念艺术可以是艺术家对自我性情的思考；可以是生活经历的记录；也可以是对任何事物的看法，是一种情感的、思想的精神载体。

图 3-85　《节拍共鸣》

李洵载　**韩国**　创作于 2010 年

▶ 图 3-86 《生生相合》

吕越

创作于 2008 年

主题说明：

同形而异体的生命，你中有我，我中有你，生命的原色，鲜活的勃动、生生不息，生生相和。

素材：

毛毡

▶ 图 3-87 《不分彼此》

江黎

创作于 2008 年

主题说明：

人有妄想，总想把某一天或某一时的特殊感觉留下，甚至想要时间停留在某一刻。艺术表现也许能满足人的这种妄想，留下某一时刻的永恒。人形为一个表象，一个人或是两个人是模糊的，但内核还是可以感受到彼此的差异存在。

素材：

毛毡、木头

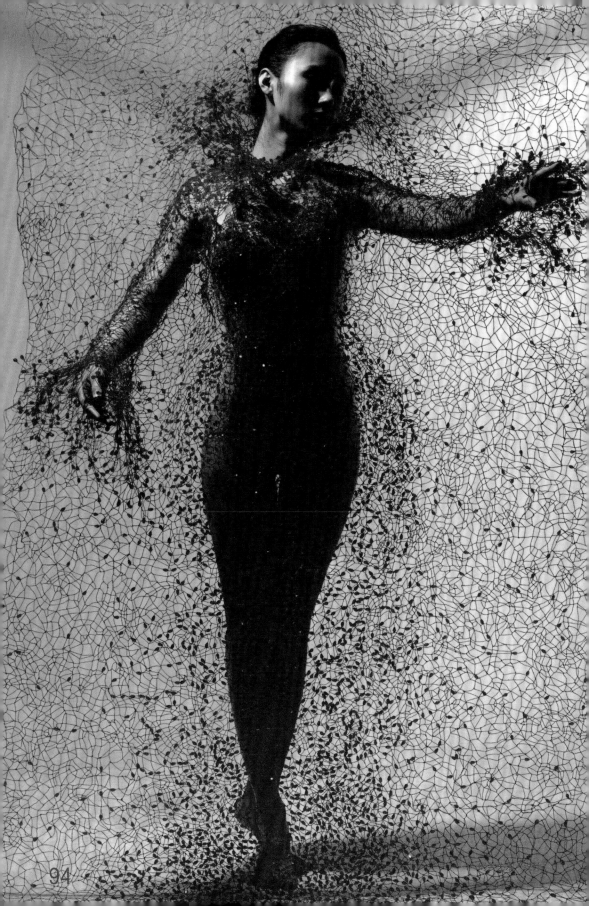

◀

图 3-88　《和谐与冲突》

琴基淑　韩国　创作于 2010 年

主题说明：

作品传达了如下各种相关的概念：线条，形式，形状，客体，主体，混沌，启示，自然，工业，环境，发展，生活，艺术，身体，可持续性，爱情，命运，关系，地球，文化，技术，希望，未来，互联网，蜘蛛女。

素材：

金属丝、珠子

▶

图 3-89　《红管制》

谢熔　创作于 2008 年

主题说明：

废弃的红色塑料管再次向人们提起废物利用的环保意识。"红管制"这个名称也强烈希望对塑料的生产及人们的利用从制度上得到控制，保护我们的地球。

素材：

废弃的红色塑料管

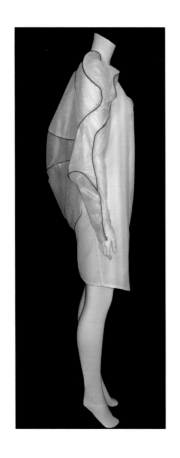

◀

图 3-90　《展开的线团》

牟琳　创作于 2008 年

主题说明：

烦乱如麻的生活琐事如密集缠绕的线团，但如果你能够整理好自己的思绪，就会清晰的认清其中的脉络。作品借用线团这一概念，以一种错落有致的结构线形式，将复杂的线团展开，并期待观者能够在作品中发现脉络，同作者一起享受线条带来的律动。

素材：

无纺布

◀ 图 3-91　《过程之后》

靳长缨　创作于 2008 年

主题说明：

每一只蝴蝶破茧而出时，都会经历黑暗和痛苦的过程，破茧而出的蝴蝶，最终完成生命的蜕变和升华。现代服装经历了沧桑的历史，不再是人类最初赖以生存的遮寒蔽体的工具，而是历经人类文明的发展，凝结了人类精神的载体，在阳光下舞蹈，洋溢着热情与活力。

素材：

布条

◀

图 3-92　《四君子计划》

金朴英　韩国　创作于 2007 年

主题说明：

梅、兰、竹、菊之梅花。衣、人、梅
与天地的君子气质。

素材：

丝绸

▶

图 3-93　《荷和》

王蕾　创作于 2007 年

主题说明：

鱼儿融入水中。生长在水与自然之间的鱼
儿，隐含着衣物与自然之间的关系，就像
是鱼儿与水，水与自然一样。

素材：

综合材料

◀

图 3-94   《花的印象》

郑贤 韩国   创作于 2007 年

主题说明:

来自花间的光。自然的光、衣、裙、花融合，是生命美好的交织。

素材:

丝绸、塑料

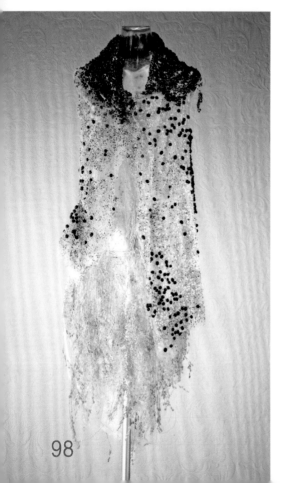

◀

图 3-95   《享受收获》

贺姬英 韩国   创作于 2007 年

主题说明:

这件由稻米、豆子、芝麻、米糊自然凝结的"衣"，带着自然的香气，感受自然赐予的收获的喜悦。

素材:

五谷

图 3-96　《相融》

吕越　创作于 2013 年

主题说明：

世间之物，无论软与硬、深与浅、
黑与白、光滑与粗糙，在融合的
意念里都可以相融。

素材：

水貂皮、金属子母扣

 图 3-97　《土地》

朴信美　韩国　创作于 2010 年

主题说明：

作品灵感来自于生命的最终归宿——大地。通过纯粹的泥土来表达黄土并暗示深刻的寓意，黄土、石头和棉花这些天然材料反映出"回归自然"的迫切，男人、女人终将返璞归真。此外，运用人造材料——塑料按扣表达现代人的特质。

素材：

黄土、石头、棉、塑料按扣

图 3-98　《无相，无无相！》

邢雁　创作于 2012 年

主题说明：

理想的家园，一个神奇、自由、温暖的乐土！接纳四方，无私给予，使人时时如临天堂！何谓财富？何谓贫穷？只有自己的心能够指引方向……随着时间的流动和意识层次的提升，一切都在自动发生变化。

素材：

拉菲草、绢网

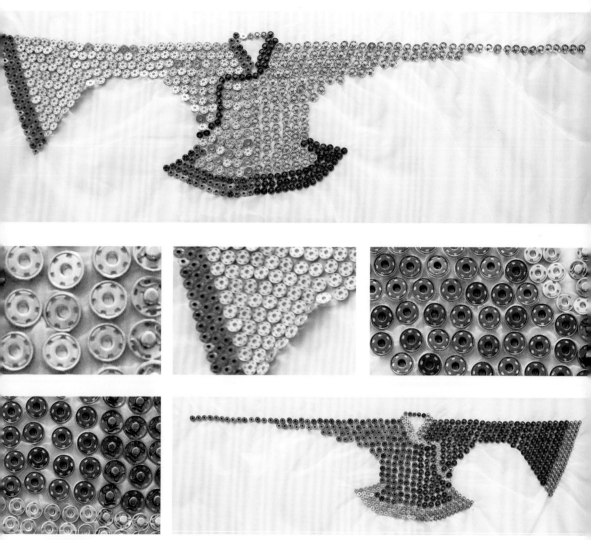

图 3-99　《对合》

吕越　创作于 2012 年

主题说明：

作品用双面展示的效果，呈现子母扣天然对合的属性，诉说阴阳相合的故事。

素材：

丝绸、金属子母扣

▲

图 3-100   《温柔的铜墙铁壁》

陈庆庆   创作于 2012 年

主题说明：

作品采用坚硬的不锈钢材料来呈现弧线的柔美，阳刚阴柔之间表达艺术家的所思所想以及艺术家对艺术的思考，艺术的本质是什么？艺术是什么？什么才是艺术？艺术或许是一个永远也无法摆脱的情人，或者是一桩永远也离不掉的婚姻，它就像一株在我身体里生长的树，长进了我的每一条血脉、经络，消耗着我每日全部的精神和能量，牵动着我的每一根神经，甚至繁衍着我的气血，牵动着我的枯荣。但，它给了我无尽的享受和人生中最大可能的自由度！

素材：

不锈钢

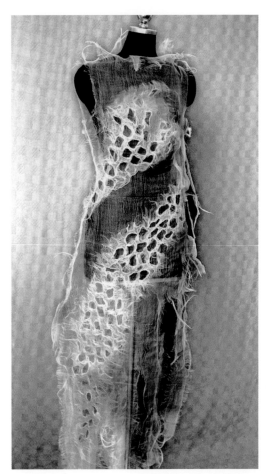

图 3-101　《论玉》

楚燕　创作于 2013 年

主题说明：

中国人自古奉行"天人合一"、"道法自然"的哲学观。作品从中国香、茶、玉、花四道中寻找灵感，在当代文化中重拾心性自然、淡泊宁静的古老生活方式，滋养生命，提升生活品质。

素材：

丝绸、羊毛

图 3-102　《基因》

李薇　创作于 2013 年

主题说明：

作品由一个因子在限定与自由间衍生，随机而自然。统一中显现着多变，单纯中蕴含着丰富。

素材：

纱、亚克力

103

◀

图 3-103 《绛》

张茜宜 创作于 2015 年

主题说明：

作品将鲁锦面料编织在羊毛纤维中，以线为面、布为筋，通过手工编织完成羊毛纤维与梭织面料的"对话"。将鲁锦这种山东民间的传统提花纺织品以一种非传统的方式再造诠释，塑造出雕塑般柔软的针织廓形。

素材：

羊毛纤维、鲁锦

◀

图 3-104 《成长之痛》

李珠英 韩国 创作于 2013 年

主题说明：

旨在表现人历经磨难的成长过程。

素材：

羊毛

　　"时装艺术"区别于日常生活中的"时装"，其意义在于强调作品背后的内容，艺术家通过个人的、特殊的、有效的艺术创造实践，达到证明时装艺术就是艺术的意图。时装艺术并不把技巧放在第一位，它是包容的艺术，是自由的艺术，是人类精神文化的集合，是艺术家通过自身的感知力进行的艺术创作，并且通过艺术创造实践行为达到对艺术理论的诠释。现代艺术的各种表现形态的差异，就是艺术家观念与观念之间的差异使然。

　　如果发现美是人类与生俱来的天性，那么服装作为人类自身的独特的符号语言，它是人类内在心灵的自然呈现，是性灵的产物。无论哪个时代、哪个民族、哪个地域的人们都懂得用这种精神符号来表达自身的美，而这种符号的变化历程是服装的精神文化变化的历程，是服装的审美理想变化的历程。同样，在艺术发展的历程中，19世纪以来的艺术家们在达达主义、立体主义、解构主义、现成品艺术、观念艺术等多种艺术形式中探索，引起了工艺审美在传统审美上的偏离，现代艺术认为艺术存在的意义远超过实物本身或技巧，艺术重要的是源于艺术家的意图以及所要表达的创意概念，强调艺术展现的方式并不拘于形式。时装艺术抱有同样的理念，对不同文化、不同观念、不同艺术形式抱有尊重的态度，它是当下自由思想条件下，当代艺术与服装品牌产生弹性联系的纽带，是在与商业的客观分离中碰撞与融合，当代艺术的多元化形式对设计观念的影响是不言而喻的。国际一线服装品牌对各种艺术形式的演绎，是当代艺术与时装最直观的结合，服装设计师们的设计理念和当代艺术家的创作模式十分相似，对于传统文化或尊重或颠覆，同样注重美感的传达、感官的愉悦、注重人们的理解、思考甚至批判的过程。时装艺术的存在为当代艺术增添了一道美丽的风景，是时代的文化印记，记载了当下人类的内在精神，它是人类内在心灵的陈述，同样是服装文化革命性的创新，是人类宝贵的丰富的精神文化。创作者推陈出新的作品是对人类文化的新贡献。

　　虽然我把"时装艺术"的概念引入教学，成为中央美术学院时装专业本科生的"创造性思维训练"课程，意在用艺术的思维去拓展学生们的设计思路，其目的不是在培养艺术家，因为短短两周的课程，只能是一个了解时装艺术的窗口，虽然学生们十分受益，也多少开始关注当代艺术，但是，也不能因两周课程就将中央美术学院时装专业的教学定位在教授艺术上。其主干课程还是"品牌模拟"。特此说明，以免误读。若想成为时装艺术家，还需要更多的学习和实践。掌握更多的理论知识和创作手段。研究生教学层面开设了时装艺术的研究方向，选择此项研究的学生占比只有20%，大部分学生仍然希望自己以后作设计师而不是艺术家。"创造性思维训练"课程旨在培养学生的创造性，引导他们打开思路，善于借助艺术创作的思维模式，尽快寻找并建立自己的语言体系，使设计更具有独特的风格，同时，用较高的艺术修养体现设计的审美水平。

　　本书参与编写的两位副主编——赵伟伟和杨晓涵，他们俩都是我的学生，从本科学习开始到研究生毕业，期间跟随我进行过多次的课程训练，参加过多次的时装艺术展览，他们不仅是时装艺术的创作者，也是有深度理解的思考者。他们在创作时装艺术作品的同时，大量的时间还是用于服装设计工作。他们善用服装设计师和艺术创作者的两种身份，使得他们的设计作品呈现出与众不同的面貌。编写工作得以顺利进行，与他们的理解深度和努力付出有很大关系，感谢他们。还要感谢学习我课程的本科生和研究生们，是他们在课堂上的创作和提问，让我有深度思考和不断修正的机会。本书的图示和案例中也用到他们的作业，一并致谢。

　　另外，还需要感谢那些参加时装艺术国际展的艺术家们，有他们积极参与才有今天这么多鲜活的案例，书中收录的作品大多都是从国际展的书籍中选取的，也感谢他们同我一起推动了时装艺术在中国的发展，以及扩大了中国时装艺术在国内外的影响。也同样希望我们能一起分享这本书，因为我愿意把这本书看做是我们共同的成果。

吕越

2016 年 1 月